産経NF文庫
ノンフィクション

封印された「日本軍戦勝史」2

井上和彦

潮書房光人新社

はじめに

痛快な快進撃を続けた緒戦の勝ち戦とは異なり、圧倒的物量を誇る米軍を前に守勢に回った日本軍だったが、そんな状況下でも日本軍将兵は不撓不屈の精神をもって戦い続け、敵の心胆を寒からしめ続けたのだった。

これまでの通説や歴史評価のみで判断してきた大東亜戦争中盤以降も、日本軍は多大な被害を出しながらも各地で勇戦敢闘し、時に大きな戦果を挙げていたのであった。

後編ではこのような戦いをお届けする。

◆ビルマ戦線で日本軍将兵の強さと規律正しさが地元民のみならず敵将からも讃えられた感動秘話。

◆米海兵隊が恐怖に震えたマリアナ諸島、ペリリュー島、アンガウル島、硫黄島の日本軍守備隊の勇猛果敢な戦い。

◆その名を馳せた加藤隼戦闘隊と、実は、超空の要塞B29爆撃機をめった打ちにしていた陸軍航空隊の撃墜王列伝。
◆米軍パイロットを恐怖のどん底に陥れた陸軍第244戦隊および海軍第343航空隊の痛快な本土防空戦とその輝かしい戦果。
◆米空母を沈め、アメリカ本土をも爆撃した日本潜水艦部隊の知られざる戦い。
◆連合艦隊の象徴たる戦艦大和の血沸き肉踊る戦いのドキュメンタリーと、レイテ湾「謎の反転」の真実。
◆実は米軍が1万2千人以上の戦死者を出していた沖縄戦における日本軍守備隊の死闘。
◆悲劇の象徴のごとく伝えられてきた特攻隊は、敵艦およそ300隻に損害を与える驚愕の戦果をあげていた。
◆大東亜戦争は、ソ連軍を相手に見事な勝ち戦で終結していた。
◆そして戦後もアジア各地に残留してアジア各国の独立のために命を捧げた先人たちの武勇と、今も語り継がれる日本軍将兵への称賛と感謝の声、声、声――。

おそらく拙著は、日本軍将兵の本当の戦いを知り〝新たな視点の大東亜戦史〟を描いた戦後初の書籍となろう。

もう〝日本軍の失敗〟の講釈や〝日本軍の敗因〟の分析は聞き飽きた。

これからは、祖国日本のために、後世の我々のために、そして植民地支配に苦しむアジアの人々を解放するために、その尊い命を賭けて戦ってくれた先人を顕彰し、その事実を後世に伝えていくべきではないだろうか。

我々の先輩たちは20歳前後の年齢で、過酷な環境の中で雄々しく戦ってくれたのである。当時の若者たちは、戦争がしたくて銃を執ったのではない。戦わねばならなかったのである。彼らは皆、国を守るために、家族を守るために、そしてアジアの人々を欧米諸国の植民地支配から解放するために立ち上がったのではなかったか。

30年もの長きにわたってジャングルで戦闘行動を続けた小野田寛郎氏はこう述べている。

〈洋の東西の歴史から、私たちは戦争の原因について数多くのことを学びとれる。その中には「窮鼠かえって猫を噛む」と譬えられる「死中に活を求める」戦争もある。

日本が初めて経験した敗戦はその例にあてはまるが、結果を踏まえて「勝算なき戦いを始めた愚」を自ら誹り、自身を辱しめることは、余りにも短絡的すぎる反省ではないだろうか。

それぞれの国にはそれぞれの国の正義と主張があり、国民の発展を希う国策がある。戦いはその相違と誤解から始められるが、戦いが始まれば若者たちが戦場に立って死闘を演じるのは交戦国に共通することである。（中略）

もちろん、戦争を美化するものではないが、ひと度、国家、民族の主権を侵され自立自衛を危うくされた場合、戦争を否定して死を厭うほど私は卑怯者ではなかった。それは近くは肉親の、遠くは民族の将来のためであったからである〉（小野田寛郎著『わが回想のルバング島』朝日文庫）

過酷な環境の下、絶対不利な状況におかれながらも、それでも至純の愛国心をもって歯を食いしばりながら戦ってくれた先人を思うとき、心からの感謝と畏敬の念が沸き上がってくる。

そしてこの強靭な精神力と勇敢な戦いぶりが、戦後の日本人像の形成に与えた影響は大きく、このことが、現在の日米同盟につながり、そしてなにより周辺諸国の日本への侵略を躊躇わせる抑止力となってきたのだ。つまり、先人たちの尊い犠牲の上に現在の平和があることを決して忘れてはならない。

感謝――ただその一言に尽きる。

わずか80年ほど前、「靖國神社で会おう！」と誓い合って、雄々しく戦いそしてその尊い命を捧げられた先人の武勇が、本書を通じて後世の日本人にしっかりと語り継がれてゆくことを願ってやまない。

「井上さん、あとを頼みますよ……どうか本当のことを伝えてください」

偏向報道と戦後教育によって貶められた日本軍人の武勲と名誉の回復を願いつつ、そう遺して天寿をまっとうされた歴戦の勇士達との約束を果たすべく、筆者は精魂込めて拙著を書きあげた。

本書を、祖国日本とアジア解放のために戦ってくれた英霊と歴戦の勇士に捧げる。

令和3年（2021）6月吉日

井上和彦

封印された「日本軍戦勝史」2——目次

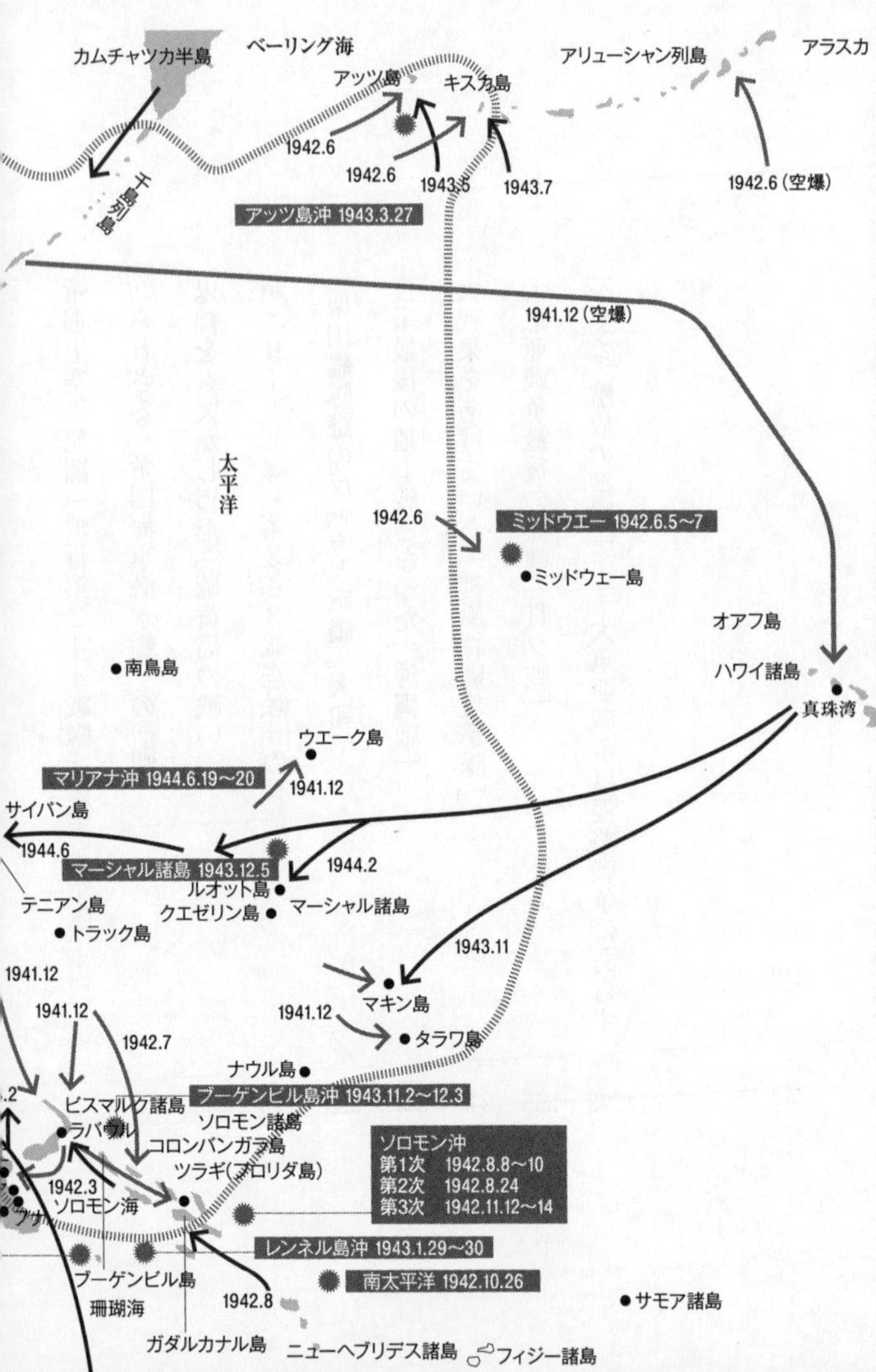

カムチャツカ半島
ベーリング海
アリューシャン列島
アラスカ
アッツ島
キスカ島
1942.6
1942.6
1943.5
1943.7
1942.6（空爆）
千島列島
アッツ島沖 1943.3.27
1941.12（空爆）
太平洋
1942.6
ミッドウエー 1942.6.5～7
ミッドウェー島
オアフ島
ハワイ諸島
真珠湾
南鳥島
ウエーク島
マリアナ沖 1944.6.19～20
1941.12
サイパン島
1944.6
マーシャル諸島 1943.12.5
1944.2
ルオット島
クエゼリン島
マーシャル諸島
テニアン島
トラック島
1943.11
1941.12
1941.12
マキン島
1941.12
タラワ島
1942.7
ナウル島
ブーゲンビル島沖 1943.11.2～12.3
ビスマルク諸島
ソロモン諸島
ラバウル
コロンバンガラ島
ツラギ（フロリダ島）
ソロモン沖
第1次 1942.8.8～10
第2次 1942.8.24
第3次 1942.11.12～14
1942.3
ソロモン海
レンネル島沖 1943.1.29～30
ブーゲンビル島
南太平洋 1942.10.26
珊瑚海
1942.8
サモア諸島
ガダルカナル島
ニューヘブリデス諸島
フィジー諸島

■大東亜戦争の全体図（1941-1945）

日本軍「主要戦闘機」一覧

第343航空隊の主力機となった傑作戦闘機「紫電改」

"世界を驚愕させたゼロ・ファイター"「零式艦上戦闘機」

B29も撃墜した二式複座戦闘機「屠龍」

陸軍の主力戦闘機だった一式戦闘機「隼」

米海軍の主力戦闘機F6F「ヘルキャット」

対地攻撃にも使用されたF4U「コルセア」

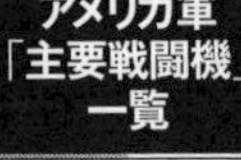

アメリカ軍「主要戦闘機」一覧

"双胴の悪魔"P38「ライトニング」

"史上最高のレシプロ機"と称されたP51「マスタング」

陸海軍の「撃墜王」たち

"B29撃墜王"の樫出勇陸軍大尉

"ビルマの桃太郎"こと穴吹智陸軍曹長

加藤隼戦闘隊こと「飛行第64戦隊」を率いた加藤建男陸軍中佐

特攻教官も務めた田形竹尾陸軍准尉

"義足の撃墜王" こと檜與平陸軍大尉

三式戦闘機「飛燕」の前に並ぶ244戦隊の精鋭

空戦の"神様"だった本田稔海軍少尉

"ブルドック隊長"こと菅野直海軍大尉

剣部隊こと「第343航空隊」を創設した源田実海軍大佐

帝国海軍の象徴　戦艦「大和」の威容

主砲の46ｾﾝﾁ砲を発射する「大和」。射程は40ｷﾛ超とされる（CG制作／松野正樹　『戦艦大和』双葉社刊より）

全長263ﾒｰﾄﾙ、乗員3,300名超…世界に類を見ない超弩級戦艦だった

▲レイテ沖海戦時に「大和」の副砲長を務めた深井俊之助少佐

沖縄特攻の途上、米軍機の爆撃で被弾・炎上する「大和」（昭和20年4月7日）

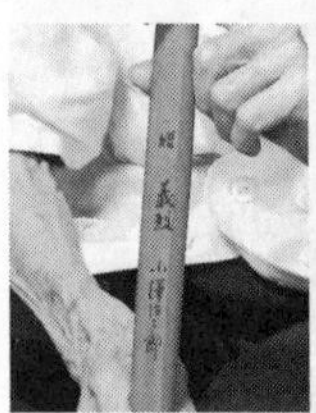

▲深井少佐は栗田艦隊「謎の反転」の真相を明かしてくれた（写真は小沢治三郎中将がレイテ出撃前に深井少佐ら士官に贈った短刀である）

▼レイテ沖海戦時に空撮された「大和」

玉砕を超えた「南海の死闘」

▲ペリリュー島に建立されたニミッツ海軍提督の日本軍への賛辞を刻んだ石碑

ペリリュー島の日本軍守備隊は、精強な米海兵隊を迎え撃ち大出血を強いた

▶サイパン島陥落後もゲリラ戦闘を続行した大場栄大尉。米軍からは「FOX」の名で恐れられた

▲アンガウル島に上陸した米陸軍第81歩兵師団

▲アンガウル島の日本軍守備隊が用いた89式擲弾筒により、米軍は甚大な被害を蒙った

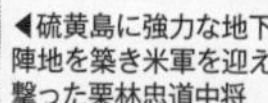

◀硫黄島に強力な地下陣地を築き米軍を迎え撃った栗林忠道中将

▲硫黄島で果てた市丸利之助海軍少将が綴った「ルーズベルトニ与フル書」は、戦後日本で失われた大東亜戦争の真の大義が描破れている

硫黄島は米軍の死傷者が日本軍のそれを上回った唯一の戦場である

凄絶「沖縄戦」秘話

▲第32軍司令官として沖縄戦を指揮した牛島満陸軍大将

▲沖縄本島に上陸する米軍。沖合には雲霞の如き米艦艇が待機していた

▲「沖縄県民かく戦えり」の訣別電報を遺した大田実海軍中将

▲日本軍は「反斜面陣地」によって米軍を叩いた

「神風特別攻撃隊」の真実

米艦艇に突入する特攻機

特攻攻撃を恐れた米将兵の中には戦闘神経症を発症する者が続出したという

▲敷島隊の攻撃を受けて爆発炎上する米護衛空母「セント・ロー」

封印された「日本軍戦勝史」2

凄惨無比「ビルマの戦いとインパール作戦」

中国大陸で蒋介石率いる国民党軍と戦っていた日本軍にとって、米英による国民党軍への軍事援助ルート（援蒋ルート）の遮断は悲願であった。そのために企図されたのがビルマ攻略で、開戦直後から終戦まで絶えず熾烈な戦闘が繰り広げられた。

インパール作戦における激戦地

「インパール作戦」を主導した牟田口廉也・第15軍司令官

過酷な自然環境と絶望的な物量の差

開戦劈頭、山下奉文中将率いる陸軍第25軍がマレー半島に上陸し、英軍の牙城シンガポールを目指して南下すると同時に、飯田祥二郎中将率いる第15軍隷下第55師団の宇野支隊（歩兵第143連隊基幹）はタイ南部に上陸、マレー半島北部に伸びる英領ビルマ南端に進撃してヴィクトリアポイントの英軍飛行場を制圧した。

この奇襲攻撃は、マレー・シンガポール攻略戦に対する英軍の航空機による妨害を未然に防ぐ積極防衛策だった。さらに、日本軍のビルマ攻略戦の最大の目的は、米英軍による蔣介石率いる中国国民党軍への支援ルート、通称「援蔣ルート」の遮断にあった。当時、連合軍は日本軍と戦う蔣介石の国民党軍に対し、後方に位置するビルマから武器弾薬をはじめあらゆる補給物資を支援していた。蔣介石を使い日本軍を大陸に引き付けさせて、自らはヨーロッパ戦線に集中するためであった。

開戦から1カ月半後の昭和17年（1942）1月20日、日本軍は、第33師団（櫻井省三中将）と第55師団（竹内寛中将）の2個師団をもって南部ビルマへ侵攻を開始した。まず第55師団が、タイ―ビルマ国境を突破して首都ラングーンに向けて進撃を開始。これを迎え撃ったのが英軍の第17インド師団であった。だが、破竹の進撃を続ける日本軍を止めることはできず、3月6日、ついに英軍は首都ラングーンを放棄。3月8日に日本軍は首都ラングーンの無血占領に成功している。〝ラングーン占領〟、つまり日本軍は援蒋ルートの遮断に成功したのである。

首都ラングーンを占領した後、〝加藤隼戦闘隊〟としてその名を馳せた加藤建夫中佐率いる陸軍飛行第64戦隊をはじめ、陸海軍の航空部隊が進出し、たちまち地域の制空権を確保した。また、タイとビルマを結ぶ「泰緬鉄道」を建設し、ビルマへの物資輸送路を構築した。続いて日本軍は、第15軍に機動力の高い第56師団（渡辺正夫中将）を加え、ビルマ南部から北上してビルマ全土を攻略する作戦へと移行した。3月末、3つの師団が3本の槍のように分かれてそれぞれ別ルートで北上した。

第33師団は、油田地帯のあるエナジョンを経由してイラワジ川に沿って最左翼のルートを北上し、最右翼は新参の第56師団で、山がちな地形を突破して要衝ラシオを目指した。開戦時に最初にビルマに進撃した第55師団は、中央の平地を鉄路沿いにマンダレー方面に進撃した。さらに4月にはインド洋から海路上陸した第18師団（牟田口廉也中将）が、中央ルートを進撃する第55師団に続いた。こうして、5個師団、総兵力8万5千人の大兵力を誇る第15

軍は、ビルマ南部から押し上げる形で英軍を圧迫していったのである。

なかでも最右翼を北上する第56師団は、重砲や戦闘車両を持つうえに自動車化されており、驚くべきスピードで要衝を次々と制圧してゆき、4月29日にはラシオに到着、5月3日にバーモ、その2日後の5日には拉猛（らもう）、そしてそれからわずか2日後の5月7日には要衝ミートキーナを占領した。こうして日本軍は、ビルマと中国雲南省を結ぶルートの遮断に成功したのである。

中央部を北上した第18師団も、5月1日に要衝マンダレーを占領するなど各師団は破竹の快進撃を続け、英軍を次々と撃破していった。こうして日本軍は、昭和17年6月までにビルマ全土の制圧に成功したのである。

開戦劈頭から終戦時まで続いたビルマの戦いで忘れてはならないのは、「南機関」と「ビルマ独立義勇軍」の存在だ。援蒋ルートの遮断とビルマ独立を工作する日本軍の「南機関」の鈴木敬司大佐とビルマ人独立運動家アウン・サン（当時は〝オンサン〟と呼ばれていた）の出会いがすべての始まりだった。

アウン・サンとは、ミャンマーの国家顧問で民主化運動指導者と知られるアウン・サン・スー・チーの父である。独立運動を展開していたアウン・サンは、大東亜戦争が勃発する前、日本軍の支援を受けて30人の同志を率いて海南島へ逃れ、そこで鈴木大佐の南機関による厳しい軍事訓練を受けた。そして、大東亜戦争開戦直後の昭和16年（１９４１）12月16日、同志らとタイのバンコクで「ビルマ独立義勇軍」を設立。司令官に鈴木大佐を迎え、参謀にアウン・サンが就き、日本軍と共に英軍と戦ったのである。

昭和18年8月1日、日本軍の支援を受けてバー・モウを首相とする「ビルマ国」がイギリスから独立。ビルマ独立義勇軍は、ビルマ防衛軍を経て「ビルマ国民軍」へと改編され、同時にアウン・サンは国防相兼ビルマ国民軍司令官に就いた。ビルマ国民軍は日本軍とともに進軍し各地で英軍との戦闘を繰り広げたが、インパール作戦で日本軍が敗退し日本の敗色が濃厚となるや、突如アウン・サンは連合軍側に寝返って日本軍に銃口を向けてきたのである。

鈴木敬司大佐

だがこの反逆は、アウン・サンが日本軍に恨みを抱いていたからではなかった。アウン・サンは、爾後(じご)のビルマ独立という大義のために、日本と共に敗戦国となって再びイギリスの植民地となるより、ここは、戦勝するであろうイギリスの側に立って戦い、戦後の交渉を有利にしようと考えたのだった。アウン・サンには苦渋の選択であり、ビルマ独立のために日本を裏切らざるを得なかったのである。

■「ビルマの戦い」概要図

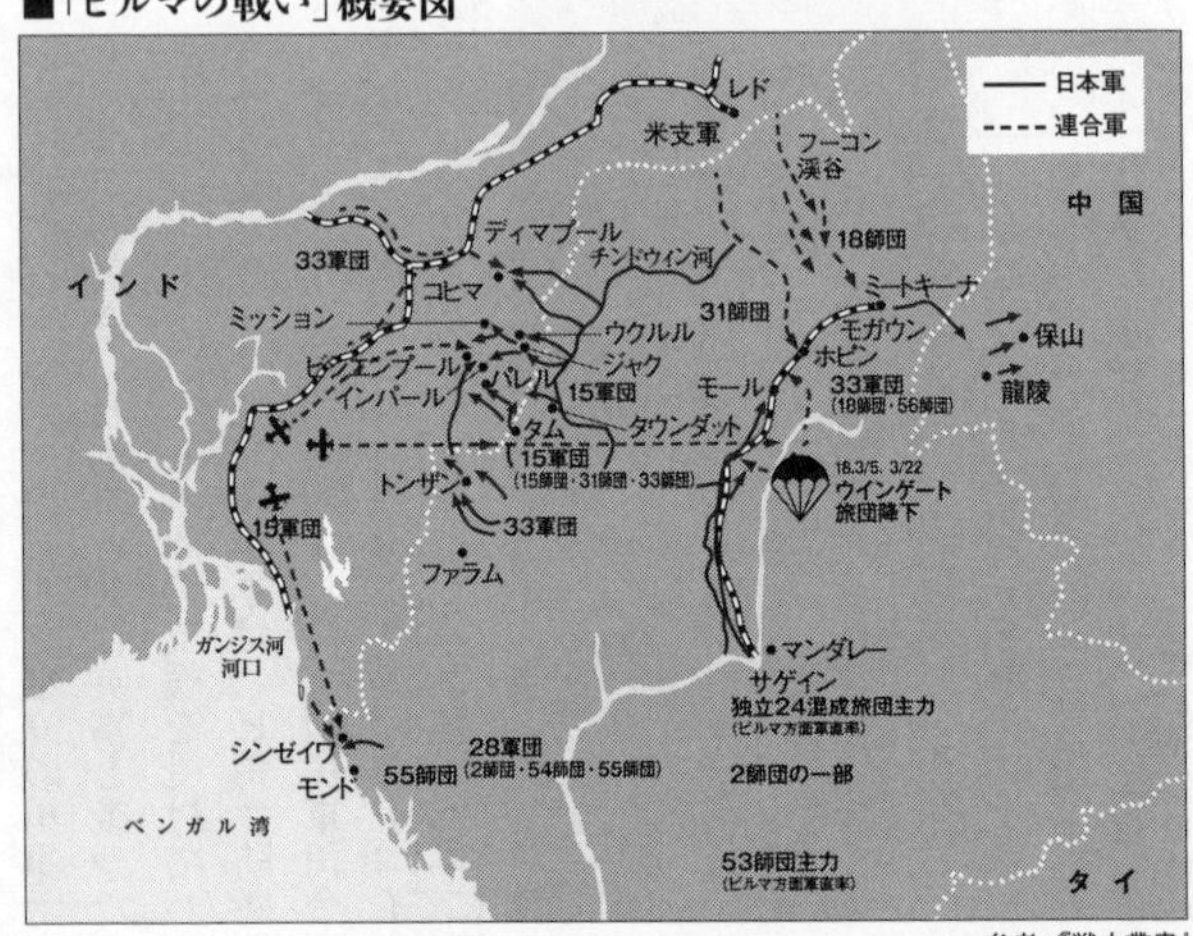

参考／『戦史叢書』

決して日本軍を恨んで敵対したのではないことは、戦後、BC級戦犯に問われてビルマに連行された鈴木啓司少将をアウン・サンが助け、後の昭和56年（1981）にビルマ政府（当時）、鈴木敬司少将ら7人の日本軍人に国家最高勲章を授与していることがなによりの証左であろう。

いずれにせよ、日本軍がイギリス植民地からの独立を希求するビルマ人を助け、彼らを軍事指導してビルマ人による軍隊を作り、ビルマ青年と共に英軍と戦ったことは永久に記憶されねばならない。

話を戻そう。日本軍のビルマ占領によって各地で援蒋ルートは遮断されたが、それでも連合軍は対日戦から中華民国を脱落させないために、今度はインドから中国の昆明へのヒマラヤ山脈越えの空輸ルートによって蒋介石の国民党軍を支援し続けた。ヨーロッパ戦線に戦力を集中させるためには、どうしても日本軍を大陸に張り付けておく必要があったからだ。さらに連合軍は、ビルマ北部から侵入するなどして日本軍と戦闘を続けると同時に、蒋介石の国民党軍に米軍兵器を供与し近代軍としての訓練を行ったのである。そして、昭和18年（1943）10月30日、近代化装備の国民党軍がビルマ北部フーコン渓谷の日本軍を攻撃したのを皮切りに連合軍の反攻が始まった。

日本軍もビルマ方面の戦力を強化していた。昭和18年3月、日本軍はビルマ方面軍（河辺正三中将）を新編し、牟田口廉也中将の第15軍（第15師団、第31師団、第33師団等）を指揮下に置いた。その後、昭和19年1月にはビルマ南部を担任する第28軍（桜井省三中将）を新たに編成して、その指揮下に第2師団、第54師団、第55師団を集めた。さらに4月には、ビルマ北部の防衛のために第33軍（本多政材中将）を新編して、隷下に歴戦の第18師団、第56師団等を置いた。日本軍は実に9個師団もの大部隊をビルマに張り付けたのだった。

各地で日本軍と連合軍の激しい攻防戦が繰り広げられたが、ビルマの戦いは過酷な自然との闘いでもあった。当時、ビルマ方面軍参謀を務めた嘉悦博少佐（現姓・前田）は、ビルマの激しい天候の変化についてこう述べている。

〈雨季の最盛期は七月から九月で、空はまったく黒雲に蔽われる。天にどれほどの水があるのか、一日の雨量は、多雨地帯では千ミリぐらいといわれ、夕立のような豪雨が一時間ぐらい降り、一時間休みを繰り返す。十一月になると黒雲は去り、太陽が顔を出し、十一月半ばをすぎると、空には一点の雲もなくなり、晴天つづきとなる。この天候は万象を左右する。乾季には谷川であったものが、雨季に入ると増水して、岸にあふれんばかりの大河となる。チンドウィン河には百トンの船の航行が可能となる。また雨季には、幹線道路のみが自動車運行を可能とする。乾季にかけた橋は、雨季には跡形もなく流されてしまうし、道路も崩壊する。住居も道路も、すべて水害を避け得る地域に限定される。また、雨季には悪質なマラリア蚊のほかに赤痢などの跳梁がはじまる〉（『丸別冊　悲劇の戦場　ビルマ戦記』潮書房）

大規模な戦闘は自然相手の闘いが減じる乾季、しかも夜間に行われたという。

〈したがってわが軍の行動は夜間に行われる。ラングーン～マンダレー街道は靖国街道と呼ばれたが、ここを走るトラックは、狙われたら最後、銃撃の餌食となって炎上を余儀なくされる。雨季に入れば、軍の機動力は極度に鈍化し、大規模作戦は休止となる。敵にしても、わずかな密雲の切れ目を縫って襲ってくるだけである。つまり、この期間は戦力の培養期であり、命の洗濯をすることになる。ビルマの天候は雨季と乾季がすべてであり、作戦計画もこの天候に左右される〉（前掲書）

同地での戦いは、他の東南アジア各地での戦いとは異なり、こうした極端に変化する天候の下で行われたのだ。ビルマ戦を戦った日本軍将兵の手記を読めばその苦労がよく分かる。雨季には足が水に浸かりきりになり、ふやけて靴が脱げなくなったという。また猛暑の乾季には1日分の食料として配られるわずか2個のおにぎりも、日中の強烈な日差しのもとで腐ってしまうために朝のうちに食べてしまい、夜は腹をすかしながら朝を待ったという。

敵との物量も雲泥の差であった。様々な種類の缶詰、ミルク、チーズ、パン、たばこ、コーヒーなど、日本軍将兵は、敵部隊が放棄した倉庫の中のありあまる食材や嗜好品を見て愕然とした。連日飛来する敵輸送機から投下される補給物資を吊るした落下傘を、ただ茫然と眺めるほかなかったという。こうした敵の補給物資を確保できると、〝チャーチル給与〟と称して皆で分け合い空腹を満たしたという。彼我の物量の差は、なにより武器弾薬に顕著であった。

敵は、陸路を大型トラックで、また空からは輸送機を使って十分な武器弾薬を補給するが、日本軍には補給など皆無であった。そのため、敵は1時間のうちに1万発もの砲弾を撃ち込んできたが、日本軍は大砲も1日に4発、機関銃は2連射、小銃も6発に制限されていたというから、その戦力差はいかんともしがたいものがあった。

敵将・蔣介石「日本の軍人精神は東洋民族の誇りたるを学べ」と訓示

そんな状況下の昭和19年（1944）3月、インド北東部の要衝インパールの攻略に向けて、牟田口中将率いる第15軍の3個師団とインド国民軍合わせて7万8千人の大部隊が進撃を開始した。

世に言う「インパール作戦」である。緒戦は日本軍が快進撃を続けたが、これはできるだけ日本軍を引き付けておいて、伸びきった補給路を叩く英軍の戦術だった。だが、日本軍は敵の予想を超えて強かった。

日本軍は南方から第33師団、東から第15師団がインパールに迫り、そして北側に位置していた第31師団が、インパール北方のコヒマを占領した。負け戦が続く昭和19年の春に、インパールを目前にした我が兵士の心情はいかなるものだったのか。第15師団の第2機関銃中隊を率いた名取久男中尉はこう述懐する。

〈四月はじめ、高地から西を見ると、眼下に舗装した道路が見えるではないか。

「あっ、インパール―コヒマ道だ」

「ついに来た」

敵軍唯一の後方補給路である。これを遮断することによって、敵は地上の後方との連絡がまったく絶たれることになる。思えば、チンドゥイン河渡河いらい嶮しい山を上り下り、谷を渡り、重い装備、銃器、弾薬を負い、なんと苦しい行動を続けてきたことであろうか。それがいま、いよいよインパール攻撃の主戦場へ来たのである。高ぶる気持ちが全身にみなぎった〉（前掲書）

4月6日、コヒマの戦いが始まった。第31師団工兵第31連隊の村田平次中尉は、師団の先陣をきってコヒマに進出した第138連隊第1大隊（渡寿夫隊長）の凄まじい戦闘の模様を、こう回想している。

〈(ついにコヒマに達した)その胴ぶるいのする感激をもってさらに急進し、四マイル地点より火ぶたは切られた。五一二〇高地に向かって、大隊砲が熾烈な砲撃を開始すると、渡大隊はいち早く、その高地台上に向かって突進する。

敵は台上にあって、日本軍を邀撃する有利な立場にありながら、果敢な突進に恐れをなして、逐次、陣地を放棄、西南方のコヒマ主陣地(新コヒマ)方向に後退する。殷々たる砲声、けたたましい銃声があたりの山々や谷間にこだまして、荒々しいどよめきとなって満ち溢れた。

そうした一瞬、渡大隊は闘魂たくましく、一気に台上に侵入してこれを占領した。台上を占領した渡大隊は、逐次陣地を推進して、西南方台端まで確実にこれを保持した。ここで眼下に敵の主陣地を望見し、対峙する状況となった。

このころ、南方からインパール道を北上突進した左突進隊は、渡大隊に呼応して猛烈な攻撃を加えた。そしてコヒマ側面の敵陣地をつぎつぎと攻略、敵を四七三八高地に圧縮して、なおもこれに攻撃の矢を射かけた。まったく日本軍の真価を発揮したともいうべき、敢然猛烈なる進撃ぶりである。このため、コヒマ主陣地に圧迫された敵は、闘志すら失ったかのごとく、軍公路をぞくぞくとズブサ方面に遁走する。五一二〇高地から見ると、その周章狼狽した遁走ぶりが、手にとるように見える。

それにたいする友軍の攻撃は、いっそう熾烈を極めた。遁走する敵はますますその数を増し、北へ北へとつづく。兵隊たちは踊りあがるばかりにして痛快がっている。こうして終日、敵の退却はつづき、勝利の歓喜は早くも日本軍の内部に満ち満ちた。かくて、コヒマなにするものぞの士気は、いよいよ高まったのである。まさに、コヒマ奪取は眼前にあった〉（前掲書）

痛快なことこの上ない。戦況の悪化著しい昭和19年4月の戦闘とは思えない勝ち戦であった。小躍りして喜ぶ兵士たちの気持ちが伝わってくる。翌日には、圧倒的物量を誇る英軍の猛反撃を受けて台上の様相は一変するが、日本軍は怯まず、4月9日、闇夜に乗じて新コヒマ四七三八高地の奪取を試みている。前出の村田中尉は、そのときの夜襲について富田小隊長の手記を紹介している。

〈突入態勢は全く整った。やがて渡大隊長の合図とともに、斬り込みが開始された。突撃の喊声は、一瞬にして静寂を破り、敵の虚を衝いてとどろいた。正面から、左方から、右方から、それぞれ三叉路に沿う主陣地四七三八高地めがけて、阿修羅の突入である。狼狽した敵も、慌てて銃火を浴びせて来た。

守備反撃の有利な地形にある敵は、それだけに熾烈な火線の防御網を張ったが、その間断ない銃火を巧みにくぐり、ハツカネズミのように俊敏に、台地にしがみつき、よじ登り、腹の底から湧き立つ喚声をあげて、日本軍は突撃して行く。工兵小隊は右に旋回して突入、全く何物も忘れてしまう一瞬である。

文字通りの火の玉となって、わっと突っ込んで行く。生とか死とかそんな感傷はどこにもない。ただ武者ぶり立って行くだけだ。何回も何回も、喚声とともに、突っ込んで行くだけだ。そうして台上に躍り上がると、幾人となく斃れて行く兵もあれば、遁走して行く敵兵の姿も、折からの月明りにははっきり見える。

歩兵部隊の原中隊長が、腹部をやられたらしい。苦しげな呻き声が聞こえる。幸い、工兵小隊は、台上までは無血突入に成功。台上は無数の壕が縦横に走り、硝煙と血なまぐささが溢れていた。小隊は占領陣地中央の壕に構えて、月明の中に互いの顔を眺め合った。たった今の猛り立ちもようやく静まり、互いの無事である事が奇蹟のように嬉しい。小西軍曹が壕内からウイスキーを見つけて持って来ると、藤田軍曹とともに口にしながら兵隊達を笑わしている〉（前掲書）

余裕すら感じさせるその戦いぶりに感動を覚えずにはいられない。インパールの戦いは一方的な負け戦ではなかったのである。日本軍将兵は勇戦敢闘し、撤退するまで雄々しく戦い続け、そして敵を圧倒していたのだ。

だが、豪雨のごとく撃ち込まれる砲撃や我がもの顔で上空を飛ぶ敵機の攻撃にはなす術もなく、将兵はまるで嵐が過ぎるのを待つように、ただ壕内に身を潜めているしかなかった。雲泥の差ともいえる物量の差はもはやどうしようもなく、空からの攻撃はもとより夥しい数の野砲と強力な戦車部隊の猛攻撃を受け、日本軍将兵は次々と斃れていった。対戦車兵器を持たない日本軍にとって重厚なM４戦車の来襲を受ければひとたまりもなかった。防御陣地は戦車の75ミリ砲で跡形もなく吹き飛ばされ、あるいは戦車に蹂躙され山野にその屍をさらした。

こうして最終的には圧倒的物量を誇る英軍の前に日本軍は大敗北を喫したわけだが、敗因の1つに日本軍上層部の衝突があった。作戦中止を申し入れた第33師団長・柳田元三（げんぞう）中将は牟田口軍司令官から罷免され、補給を要請し続けた第31師団長・佐藤幸徳（こうとく）中将などはついに独自の判断で撤退するなどし、軍司令部と前線の大混乱を招いたからだ。

日英両軍が死闘を繰り広げたインパールの北方18キロのマパオの村では、地元のニイヘイラ女史によって作られた『日本兵士を讃える歌』が歌い継がれている。

♪父祖の時代より　今日の日まで
美しきマパオの村よ　いい知れぬ喜びと平和　永遠に忘れまじ
美しきマパオの村に　日本兵来たり　戦へり
インパールの街目指して　願い果たせず
空しく去れり
広島の悲報　勇者の胸をつらぬき　涙して去れる

日本の兵士よ　なべて無事なる帰国を
われ祈りて止まず

（日本会議事業センターDVD『自由アジアの栄光』より）

大激戦地マニプール州のロトパチン村には、日本軍将兵のための慰霊塔もある。この慰霊塔建立の推進役となったロトパチン村のモヘンドロ・シンハ村長は語る。

〈日本の兵隊さんは飢えの中でも実に勇敢に戦いました。そしてこの村のあちこちで壮烈な戦死を遂げていきました。この勇ましい行動のすべては、みんなインド独立のための戦いだったのです。私たちはいつまでもこの壮絶な記憶を若い世代に残していこうと思っています。そのためここに兵隊さんへのお礼と供養のため慰霊塔を建て、独立インドのシンボルとしたのです〉（前同）

激戦地コヒマでも同様に、日本軍は地元の人々に賞賛されており、日本軍が去った後に群生し始めた紫の花が「日本兵の花」と名づけられ、また、日本軍兵士によって撃破された英軍のM3グラント戦車が「勇気のシンボル」として保存されているのだ。

当時の日本軍兵士の規律正しさが、現在でも賞賛されていることも付け加えておきたい。

〈現地の人々は、日本人が軍紀粛正で特に婦女暴行がなかったことを常に称賛します。それは、コヒマでもインパールでも同様です。日本軍を追ってここへ来た英印軍は、略奪と婦女暴行が相当ひどかった（西田将氏談）ため、統制のとれた日本軍の姿が心に残ったのでしょ

う〉（名越二荒之助編『世界から見た大東亜戦争』展転社）

前出のドキュメンタリーＤＶＤ『自由アジアの栄光』の制作に携わった納村道一氏は、訪れたインパールでの話をしてくれた。

「とにかくインパールは印象的でした。インタビューしたすべての人が日本軍について大変よい印象をもっていたんです。そして名もない一般の村人たちでさえ、口々に『日本の兵隊さんは私たちを守ってくれたんだ』と言うんですよ。本当に驚きの連続でしたね。とにかく多くの人々が口を揃えて言っていたのが、『日本兵士は強かった。勇敢だった』ということです。中には『これほど高貴な軍隊は見たことがない。神のようだ』とも語る人もいました…」

インパールの取材中、巷にあふれる日本軍将兵に対する礼賛の声に納村氏らは戸惑いを隠せなかったという。どうやらこの地域には勇敢な者を讃える伝統があるということだった。

日本軍とともに進撃したインド国民軍も各地で勇戦敢闘し、南部のファーラムやハカの近郊では、彼らが単独で英軍と戦闘を繰り広げた。こうした〝日印連合軍〟の戦いは日印連合軍将兵の士気を大いに高め、両軍は首都デリーへの進撃を誓い合ったという。

インドでは、インパール作戦は「インパール戦争」と呼ばれ、対英独立戦争として位置づけられている。したがってインド人は、日本が〝侵略戦争〟をしたなどという歴史観をもっていない。なるほど当時の写真にも、街道を進軍する日本軍将兵に沿道の住民が笑顔で水を差し出すシーンが写っており、日本軍が〝解放軍〟として迎えられていたことがよく分かる。

日本軍の勇猛さを絶賛したのは地元の人々だけではなかった。

昭和19年6月から9月まで戦われたビルマ国境付近の中国保山市の「拉孟」の戦闘では、わずか1300人の日本軍守備隊が、蒋介石率いる米軍装備の中国国民党軍5個師団の約4万8千人の攻撃に100日間も耐え続け、ついには全員が玉砕した。だが、勝った中国国民党軍の損害は日本軍のそれをはるかに上回り、日本軍の3倍以上の4千人の戦死者に加え、ほぼ同数の戦傷者を出している。

同じく「騰越（とうえつ）」の戦闘では、2800人の日本軍守備隊が、約5万人もの中国国民党軍を迎え撃ち勇戦敢闘したのちに全員が壮烈なる戦死を遂げた。だが、ここでも拉孟の戦いと同じく、中国国民党軍は玉砕した日本軍守備隊の3倍の9千人以上もの戦死者を出し、そのほかに1万を超える膨大な戦傷者を出したのだった。玉砕したとはいえ、やはり日本軍の強さは際立っていたのである。

この戦いでは、日本軍機によって運ばれた500個の手榴弾によって投擲攻撃が行われ敵に大損害を与えているが、そのとき読売巨人軍の吉原正喜伍長が手榴弾投擲で大活躍したという。

我れの何十倍もの敵を相手に一歩も引かずに戦い、そして玉砕すれども、その6倍もの敵を死傷せしめた戦闘は世界戦史上おそらくこの「拉孟」「騰越」だけだろう。

そして驚くのは、敵将・蒋介石が日本軍守備隊の強さと強靭な精神力を称え、戦いの最中に自軍の前線部隊に対し「日本の軍人精神は東洋民族の誇りたるを学べ」と訓電していたことだろう。

また拉孟の陥落後、国民党軍の李密少将は部下たちにこう語っている。

〈私は軍人としてこのような勇敢な相手と戦うことができて幸福であった。この地を守った日本軍将兵は精魂を尽くした。おそらく世界のどこにもこれだけ雄々しく、美しく戦った軍隊はないだろう〉（『昭和の戦争記念館　第5巻』展転社）

日本軍将兵はかくも強かったのである——。

米軍を驚嘆せしめた「マリアナ諸島の戦い」

絶対国防圏とされたサイパン・テニアン・グアムといったマリアナ諸島の日本軍守備隊は、上陸する米軍を驚嘆せしめる奮闘をみせていた。玉砕後にもジャングルにこもりゲリラ戦闘を継続した猛者も少なくない。世界戦史上類をみない闘魂がそこにはあった。

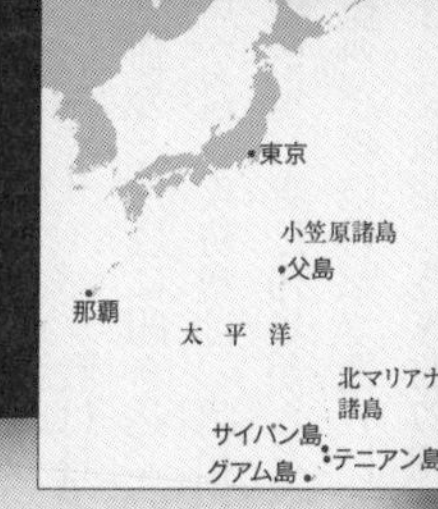

日本軍守備隊が玉砕したのちもサイパン島のジャングルにこもり終戦後4カ月間も戦い続けた大場栄大尉は、米軍中佐に軍刀を手渡しついに降伏した

上陸米軍を戦慄させた「サイパンの戦い」

大東亜戦争において、日本軍の〝玉砕戦〟の象徴のように語られることの多い「サイパン戦」だが、その実相は異なっている。サイパン戦は日本軍守備隊が勇戦敢闘し、上陸してきた米軍に大損害を与え米兵を恐怖のどん底に叩き込んだ防御戦闘だったのである。

日本の委任統治領サイパン島を巡る攻防戦は、昭和19年（１９４４）6月15日に始まった。サイパン島を取り囲んだ戦艦12隻、空母19隻からなる米海軍の大艦隊は、6月11日から空襲を実施、続いて13日からの猛烈な艦砲射撃で地表にある建造物を根こそぎ吹き飛ばした。

米上陸部隊は、第2および第3海兵師団に陸軍第27師団を加えた3個師団からなる大部隊で、洋上の海軍支援部隊を含めた米軍侵攻部隊の総勢は実に12万７５００人を数えた。守る日本軍は、小畑英良（ひでよし）中将麾下の陸軍の第31軍および南雲忠一中将率いる海軍の中部太平洋方面艦隊合わせて総勢約4万4千人だった。

6月15日午前8時40分、米海兵隊はサイパン島西海岸に上陸を開始した。島南部のススペ岬の南側には第4海兵師団が突進し、北側のオレアイ方面には、実戦経験豊富な第2海兵師団が襲いかかった。

これを迎え撃つ日本軍守備隊は、兵力を海岸付近に分散配置し、後方適地に配置された砲兵の打撃力と協同して敵上陸部隊を水際で撃滅する方針で待ち構えていた。また虎の子の戦車第9連隊をタッポーチョ山の東側に待機させ、米軍上陸部隊を一気に蹂躙して海に追い落とす計画だった。激しい日本軍の抵抗を予想していた米軍は、日本軍守備隊の抵抗力を削ぐために猛烈な艦砲射撃と航空攻撃を実施したうえで、米海兵隊を上陸させたのである。ところが、日本軍の抵抗は米軍の予想をはるかに上回る凄まじいものであった。

小畑英良中将

海岸に押し寄せた米軍の水陸両用車は、日本軍守備隊水際陣地の速射砲や後方ヒナシス山に配置された重砲による射撃で次々と撃破され、海兵隊員が水陸両用車から慌てて飛び出すと、待ち構えていた日本兵の餌食となっていった。日本軍守備隊の猛反撃に米軍は戦慄した。そこへ、後方に控えていた戦車第9連隊の97式中戦車が襲いかかった。日本軍守備隊は敢然と米海兵隊の前に立ちはだかったのである。とりわけ上陸してきた第2海兵師団と第4海兵師団を二分するススペ岬に配置された日本軍守備隊は、上陸してくる米軍を側面から狙撃して大打撃を与え続けたのだった。

〈六月十五日、米軍はススペ岬の北に第2海兵師団、南に第4海兵師団を上陸させた。第一波のLVT一七〇両は冒頭のとおり、水際陣地から猛烈な洗礼を受けている。七五ミリ野砲、山砲、三七ミリ速射砲の直射、それにヒナシス山麓からの砲撃は恐ろしく正確だった。米海軍UDT（水中爆破チーム）は前日沖合いのリーフを偵察し、部隊ごとの上陸点を示す標識を立てていた。守備隊はそれを逆手にとって前夜に観測と照準を済ませており、上陸部隊を狙い撃ちにしたのだ。

第2海兵師団第6、第8連隊の4個大隊は砂浜に這い上がったものの、136連隊第2大隊に進撃を食い止められてしまった。計画ではLVTに乗車したまま内陸に進み、海岸堡を速やかに広げることになっている。だが午前一〇時になっても波打ち際から一〇〇メートルしか進めず、隠れたトーチカから銃砲弾を浴びる〉（『歴史群像』第52号—サイパン防衛戦、学習研究社）

また同書によれば、南部のアギーガン岬に布陣していた日本軍守備隊は、上陸してきた米第25海兵連隊を撃退したどころか、米軍の混乱に乗じて午前10時には逆襲を仕掛けたというから、その敢闘に胸が熱くなる。河津幸英著『アメリカ海兵隊の太平洋上陸作戦』（アリア

■「サイパンの戦い」概要図

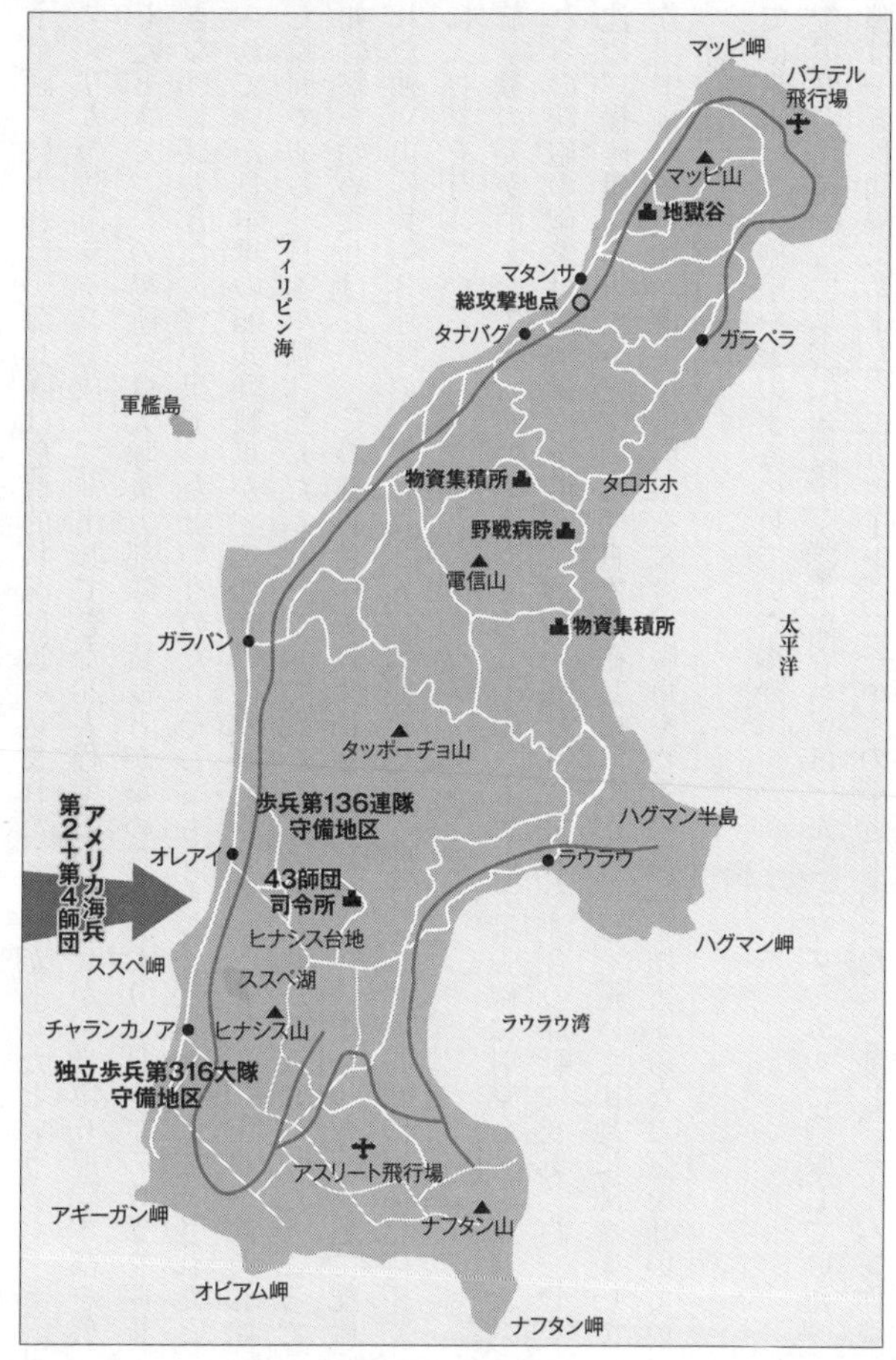
マッピ岬
バナデル飛行場
マッピ山
地獄谷
フィリピン海
マタンサ
総攻撃地点
タナバグ
ガラペラ
軍艦島
物資集積所
タロホホ
野戦病院
電信山
物資集積所
太平洋
ガラパン
タッポーチョ山
アメリカ海兵第2＋第4師団
歩兵第136連隊守備地区
ハグマン半島
オレアイ
ラウラウ
43師団司令所
ヒナシス台地
ハグマン岬
ススペ岬
ススペ湖
チャランカノア
ヒナシス山
ラウラウ湾
独立歩兵第316大隊守備地区
アスリート飛行場
アギーガン岬
ナフタン山
オビアム岬
ナフタン岬

ドネ企画）によれば、海兵隊は危機的状況に追い込まれたシーンがあったという。

アメリカの防衛ラインを抜けて進出してきた20人程度のの日本兵が、米第6連隊本部を襲撃したときで、この場所には大隊後方部隊と負傷者が集められており、日本軍の攻撃を阻止できなければ大きな被害が出ていたというのだ。そしてもう1つ、上陸地点に放棄されたとみられていた日本軍の95式軽戦車が、突如米軍の水陸両用装甲車（LVT）を狙い撃ちし始めた瞬間である。日本軍は〝死んだふり〟をして敵を安心させ、敵が間近に迫ったところで突如射撃を始めたわけだが、その豪胆さはあっぱれというほかない。また一五一高地に配置された独立山砲兵第3連隊第2大隊なども、敵機の空襲の間は身を潜め、好機到来を待って敵に大打撃を与えている。

〈航空機の姿が消えた午後六時にようやく一二門の一五センチ榴弾砲に射撃命令を下した。これらの銃砲の砲撃は、海岸堡を混乱に落し入れた後、狙いを沖合の舟艇に変更。約三〇隻を沈め、揚陸艇すら大破させている。日本軍砲兵の多くが砲爆撃を避けて山地に陣を敷いており、午後から夜にかけて援護射撃を続け、戦車や物資の揚陸を妨害するなど気を吐いている〉（前掲書）

では米軍はこの砲撃をどのように見ていたのか。

〈『米海兵隊戦史』は日本軍守備隊の砲撃に関し、「ほとんどがリズミカルに砲撃していた。砲弾は一五秒間隔に落下し、二五ヤード（二三m）の至近であった」と評し、サイパン作戦の海兵隊公刊戦史『SAIPAN』は「砲撃は激しく、着弾は決してばらつかなかった」と称賛している〉（河津幸英著『アメリカ海兵隊の太平洋上陸作戦』三修社）

日本軍の勇戦敢闘ぶりは、米兵達を震え上がらせていたのだ。実際、上陸初日の米海兵隊の損害は大きく、死傷者は2千人を数え、多くの上陸用水陸両用装甲車と戦車を失っている。米第6連隊などは、3人の大隊長が負傷し午後1時までに戦力の35％を失っている。また、別の海岸に上陸した米第4海兵師団の第25連隊隷下大隊の1つは、上陸後に海岸からわずか11メートルしか進めず、しかも日本軍の反撃の凄まじさに怖気づいた水陸両用装甲車が、海兵隊員を上陸させるや武器や弾薬を陸揚げせずにさっさと逃げてしまったという。このことからも日本軍の反撃がいかに凄まじいものであったがお分かりいただけよう。日本軍の反撃は夜間も続き、米軍陣地に夜襲を仕掛けて米軍をかき回したという。

海軍もサイパンに押し寄せた米艦隊を撃滅すべく大艦隊を急派してマリアナ海戦に挑んだ。だが、米軍の新兵器と圧倒的戦力の前に大敗北を喫してしまう。頼みの連合艦隊が敗れ来援の望みは露と消えたが、日本軍の抵抗は潰えることはなかった。

激戦となったタッポーチョ山沿いの防御線では、6月23日に投入された米陸軍第27歩兵師団（師団長ラルフ・スミス少将）が、戦線を押し上げるべく日本軍守備隊の防御線に何度も攻撃を仕掛けたがことごとく撃退されており、翌24日には上陸部隊指揮官である米海兵隊のスミス中将によって第27師団長が更迭される異例の事態も起きている。その後、米軍は28日にガラパンに侵攻するなどしてようやく戦線を押し上げることに成功するが、それでも日本軍の抵抗は止まなかった。熾烈を極めた米海軍の艦砲射撃や執拗な空爆をやりすごした第9戦車連隊が、米上陸部隊に決死の殴り込みをかけたのである。日本軍はこの小さな島に実に70両もの戦車を持ち込んで米軍を待ち構えていたのだ。6月17日、戦車第9連隊は米海兵隊に夜襲を仕掛けたが、このときの様子を戦車第9連隊の下田四郎氏はこう述懐している。

〈十七日午前二時三十分、第九連隊の戦車三〇両が、いっせいにエンジンを始動した。私は、はじめての戦闘体験に、気持ちがたかぶっていた。稜線をこえて、海岸線を見おろした時、私は息をのんだ。無数の星弾と曳光弾が夜空をあざやかな色にかえていた。まるで白昼のようだった。戦車のキャタピラの音を待ちうけるように、米軍の銃火が赤く走った。

戦車隊は、地形上、二列縦隊のかたちをとらざるを得なかった。通常、戦車隊は横隊配列なのだが、ここでも不利な戦法をとらされてしまったのだ。戦車は稜線をなだれ落ちるように敵陣に突入した。(中略)乱戦状態で戦車隊の指揮系統は完全に麻痺した。不慣れな縦隊突撃で支離滅裂となった。縦隊の前部は、どんどん突っ走り、敵味方入り乱れての壮絶な戦闘であった。私はただ機銃の引鉄を無意識にひきつづけていた。照明弾に疾走する戦車が浮かび、バズーカの餌食になった。

米軍のM4戦車も姿を見せた。対戦車戦闘で精強の第九連隊は、技術的には米軍をしのいだ。戦車砲は正確にM4をとらえた。しかし装甲が違った。日本の九七式中戦車は二五ミリ、

M4は八九ミリである。命中弾はボールのように、むなしくはね返るだけであった。第九連隊の戦車はあいついで擱座し、煙をあげ、炎に包まれた。そして歩兵たちもつぎつぎに倒れていった〉（下田四郎著『サイパン戦車戦』光人社NF文庫）

日本軍の97式中戦車と米軍のM4シャーマン戦車とでは、火力も防御力もあまりにも差がありすぎた。だが我が戦車兵の士気は高く、彼らは七生報国の信念で戦い抜いたのだった。期せずして捕虜となってしまった戦車第9連隊の戦車兵マツヤ・トクゾウ氏の米軍による尋問記録（海兵隊史『SAIPAN』収録）は、米軍による尋問にこう答えていたという。

〈我が連隊の残る戦車は、今や、チハ車六輛、九五式六輛、合計一二輛だ。たとえ戦車がなくなっても我々は素手で戦う……。敵にあったら、私は我が剣を抜き、二四年の人生が終わるまで敵を斬って、斬って、斬りまくると決意していた〉（『アメリカ海兵隊の太平洋上陸作戦』）

また、日本軍は米軍陣地に夜襲を仕掛けて米軍をかき回した。

夜襲の様子を第43師団の大場栄大尉はこのように語っている。

〈照明弾が打ちあげられ、曳光弾が花火のように美しくとびかった。彼我の機銃が狂ったように鳴っていた。喚声はつぎからつぎへとつづいてやまなかった。私は部隊を左に大きく迂回させて移動させた。やがて夜がしらじらと明けようとしていた。そのときである。前方の機銃がすごいいきおいで火を噴いた。間の悪いことにここには平坦地であったから死傷者が

兵は本能的に地に伏して動かなくなった。私はしゃにむに突撃を命じ、夢中で敵の機銃目がけて突っ走った。だれが何名あとにつづいたかはわからなかったが、米兵はあわてて機銃を放りなげて遁走した〉（潮書房『丸エキストラ』35号―大場栄「悲劇の島 サイパン戦記」）

この大場大尉の壮絶な戦いは、『太平洋の奇跡―フォックスと呼ばれた男』（2011年）という映画にもなっており、俳優・竹野内豊が大場大尉を見事に演じている。昭和48年（1973）12月22日、大場大尉は当時の米陸軍将校と自宅で面会したときのエピソードを次のように綴っている。

〈私は当時、中尉として参戦したロバート・ノースさんと自宅で対面したとき、彼は当時の模様をつぎのように語った。「私はあの日本軍の突撃がもっとも恐ろしかった。弾がズブズブと私の服をつきぬけていき、私は命からがら日本軍といっしょになって逃げた」と〉（前掲書）

日本軍の突撃は米軍兵士の心胆を寒からしめた。事実、このマリアナ諸島の戦いに続くペリリュー島を巡る攻防戦でも、日本軍の夜襲に恐れをなした米軍は、日本軍に対して「夜襲を止めてくれれば、こちら（米軍）も爆撃は止める」と申し入れたほどであった。

米軍から〝FOX〟と恐れられた日本軍大尉

しかしながら圧倒的物量を誇る米軍の前に、孤立無援の日本軍守備隊は、もはや戦力を立て直す余力はなく、衰退の一途を辿っていった。こうして昭和19年7月6日夜、南雲忠一海軍中将は、「我等玉砕、もって太平洋の防波堤たらんとす」の決別電文を発信して、斉藤義次陸軍中将、井桁（いげた）敬治陸軍少将、矢野英雄海軍少将らとともにサイパン北部の地獄谷と呼ばれる山岳地帯に設けられた司令部壕で自決を遂げた。これを受けて残存部隊は最後の総攻撃を敢行した。

7月7日午前3時、地獄谷から海岸線付近に集結した残存部隊は、突撃ラッパとともに海岸沿いに展開する米軍に対して猛然と突っ込んでいった。最も海岸側から海軍部隊が、山側2カ所から陸軍部隊が怨敵必滅の信念に燃えて突撃したのである。この総攻撃には陸海軍将兵だけでなく地元青年団員ら在留邦人らも参加している。総攻撃に参加した日本軍兵力の詳細は不明だが、後の調査で総攻撃の行われた地域に日本軍の遺体４３１１が数えられたという。この最後の総攻撃が行われた2日後の昭和19年7月9日、米軍はサイパン島の占領を宣言し、絶対国防圏の一角を失った責任をとって東條内閣は総辞職に追い込まれた。

日本軍の組織的抵抗は終焉したものの、島の北端に追い詰められた一部の日本兵と在留邦人らは、米軍に捕まることを恐れてサバネタ岬（通称「バンザイクリフ」）やマッピ山の「スーサイドクリフ」（自殺の崖）といった高い崖から飛び降りて自ら命を絶っていたのである。サイパンの戦いにおける日本軍の戦死者は陸海軍合わせて約4万1244人、民間人の死者は1万人超と記録されている。一方、この戦いにおける米軍の戦死者は3441人、負傷者は1万1465人を数えた。

だが日本軍将兵の戦いは終わらなかった。島内各地に散開した日本軍将兵はそれでも銃を置くことはなかった。山岳地に潜んで好機到来を待つ日本軍将兵は、必勝を期して米軍に遊撃戦を挑み続けたのである。前述の大場栄陸軍大尉は、日本軍守備隊玉砕後も47名の部下とともにタッポーチョ山中に立てこもって徹底抗戦を続け、終戦4カ月後の昭和20年（1945）12月1日まで戦い続けた伝説の軍人だった。彼は、米軍から〝FOX〟（きつね）と恐れられた勇士となったのである。

投降時のエピソードはあまりにも感動的だ。

大場大尉の手記『悲劇の島　サイパン戦記』によると、サイパン島の日本軍守備隊が玉砕後の徹底抗戦から1年以上が経過したある日、内藤上等兵が米軍によってばらまかれたビラを拾ってきた。ビラは日本の無条件降伏と終戦を報せるものであった。また、あらかじめスパイとして収容所に潜り込ませていた土屋伍長から、口伝えで天羽馬八陸軍少将の投降勧告を受け取っていた。そこで、土屋伍長を軍使として再び収容所に戻して米軍と折衝を行ったところ、その翌日に米軍カージス中佐から会見の申し入れがあった。11月24日、大場大尉は田中少尉、土屋伍長と共にカージス中佐と会見し次の申し入れを行ったのである。

「12月1日 下山する／それまでに降服命令書を受け取れるようとり計らうこと／以後、米軍はいっさい山に入れぬこと／山の患者をただちに病院に収容すること」

カージス中佐はこの申し入れを受け入れた。11月27日、天羽馬八少将の降服命令書を受け、大場大尉らは兵器の手入れを実施し、髪や被服の修理交換を行った。そして迎えた約束の日――12月1日早朝、大場大尉らは内藤上等兵の読経で慰霊祭を実施し戦没者に対して弔銃を発射して戦友の冥福を祈った後、しっかりと隊列を組み、堂々と軍歌『歩兵の本領』を歌いながら降服式典会場に現れたのである。大場大尉らの歌声はサイパン島の山々に轟いた。式典会場に現れた大場大尉以下47名の兵士らは凛然と整列し、大場大尉がその軍刀をカージス中佐に手渡したのだった。

昭和20年12月1日、サイパンの戦いはここに幕を閉じたのである。山中にこもりながらサイパン島守備隊玉砕後も1年半もの間、高い士気を維持し統率された日本軍兵士を見た米軍は驚嘆し、改めて日本軍の精強さを思い知ったことだろう。サイパン島の日本軍守備隊は圧倒的な劣勢にありながら、それでも日本軍将兵は必勝を信じて戦い、米軍に多大な損害を与えて玉砕していったのである。それは私利私欲を満たすためではなく祖国を守るためであった。

サイパンでの予想外の犠牲をもとに周到に準備した米軍

昭和19年7月24日、サイパン島を巡る攻防戦（6月15日～7月9日）で日本軍守備隊と熾烈な戦いを繰り広げた米第2海兵師団と第4海兵師団は、続いてテニアン島へ上陸を開始した。これに対し、闘将として知られた角田覚治（かくじ）中将率いる海軍第1航空艦隊など約4500人と緒方敬志大佐率いる陸軍第50連隊など約4千人が総勢5万4千人もの米軍を迎え撃った。

米軍は占領したサイパンの南岸に第24軍団砲兵の155ミリカノン砲、155ミリ榴弾砲、105ミリ榴弾砲など156門もの重砲を並べて、海峡越えでテニアン島北部を砲撃した。加えて、戦艦3隻、巡洋艦5隻、駆逐艦16隻からなる大艦隊が島を徹底的に艦砲射撃した。さらに米海軍のSB2Cヘルダイバー急降下爆撃機やTBFアベンジャー雷撃機が対地攻撃を行い、P47Dサンダーボルト戦闘爆撃機が執拗な空爆を実施したため、日本軍守備隊は米軍上陸前に壊滅的な損害を被ったのである。こうした準備射撃の効果もあり、テニアン島への上陸時に戦死した米兵はわずか15人だった。

その日の夜半、日本軍守備隊は米軍に対して夜襲を仕掛けた。だが、サイパン戦の苦い戦訓から、米軍は日本軍の夜襲を十分に警戒して布陣していたため、この攻撃は失敗に終わった。テニアン島は、サイパン島とは異なり平坦な土地で身を隠す場所が少なく、組織的襲撃は敵に発見されやすかったのだ。また、ひとたび攻撃を受けるとその損害も甚大であった。

日本軍守備隊は、圧倒的物量を背景に力任せに攻撃してくる米軍に圧迫され、島南部へ後退を余儀なくされていった。それでも、「テニアン陥落は、B29爆撃機による日本本土への無差別攻撃、そして敗戦の導火線となる」という思いで、日本軍守備隊は米軍の前に立ちはだかった。この思いは在留邦人にも共有され、1万5千人中およそ3500人が義勇隊として参戦し、日本軍兵士に優るとも劣らぬ勇戦敢闘ぶりで米軍を悩ませ続けたのである。

圧倒的物量と強力な火力に頼る米軍は7月30日に島都テニアン町を占領し、日本軍守備隊の抵抗力を奪っていった。7月31日、日本軍守備隊は形勢逆転を期して最期の反撃を行ったが撃退され、さらにはテニアン島唯一の水源地が米軍の手に落ちたことで戦いの勝敗は決してしまう。明けて8月1日にも守備隊は反撃を試みるも、ことごとく米軍に撃退されたのだった。

この日、日本軍守備隊の組織的抵抗が潰えたとみた米海兵隊ハリー・シュミット少将は、テニアン島占領を宣言した。8月2日、陸軍の緒方連隊長は軍旗を奉焼し、民間義勇隊員らとともに最後の突撃を敢行し、また海軍部隊を率いた角田中将も手榴弾を手に壕を出て二度と戻ることはなかった。

8月3日、日本軍の組織的戦闘は終焉しテニアン島は米軍の手に陥ちた。

そんなテニアンの戦いの中で、痛快な戦闘がある。

日本海軍は、寄せ来る米艦隊を迎え撃つべく、あらかじめ小川砲台と二本椰子砲台に合計

6門の6インチ砲を設置して米軍を待ち構えていた。すると米軍は、上陸地点として狙いをつけた北西海岸から日本軍守備隊の目をそらすために、南部のテニアン港付近海岸に陽動作戦を仕掛けてきた。戦艦「コロラド」と駆逐艦「ノーマン・スコット」が、上陸作戦に見せかけるべく上陸部隊を掩護するかのように海岸線から約2900メートルに近付いたところで、日本海軍の海岸砲が一斉に火を噴いた。すると、わずか15分間に22発の6インチ砲弾が戦艦「コロラド」を直撃し、戦死43人、負傷者176人の大損害を与えたのである。恐ろしい命中精度だった。同じく駆逐艦「ノーマン・スコット」には6発の6インチ砲弾を命中させ、艦長シーモール・D・オーウェンをはじめ19人が戦死し、47人が重軽傷を負っている。こうして米軍は日本軍守備隊の注意を逸らす陽動作戦に成功したものの、両艦は死傷者285人という大損害を被って戦場を離脱せざるを得なかった。

民間人はサイパン島での出来事と同じように、カロリナス台地の切り立った断崖から次々と紺碧の海に身を躍らせていった。

テニアンの戦いは、米海兵隊史上もっとも成功した上陸作戦だった。日本軍守備隊の戦死者はおよそ8千人、民間人約3千人が亡くなった。対する米軍は、戦死者328人、負傷者1571人でしかなく、これはサイパン戦での被害のおよそ10分の1であった。このことからも、米軍がいかにサイパン戦での教訓に学び用意周到に上陸戦闘を行ったかが分かる。

だが、この島でも日本軍人は戦い続けた。組織的抵抗は終焉したが、日本軍兵士らはカロリナス台地の自然洞窟やジャングルに潜伏してゲリラ戦闘を継続したのである。米軍はジャングルを焼き払うなど万策を講じて残存日本兵の掃討を行ったが、遊撃戦に転じた日本兵は屈しなかった。強靭な精神力と怨敵必滅の信念に燃えた日本兵は、テニアンの戦いの終結宣言が発せられた昭和19年8月1日の後も戦い続け、残存兵の多くが銃を置いたのは、終戦から2週間後の昭和20年8月30日ことだったという。だがそれでも戦い続ける兵士らがおり、最後の48人が投降勧告に応じたのは昭和20年12月末ごろだったという。

日本軍将兵の不撓不屈の精神は、とても外国の軍人に真似できるものではない。日本軍将兵は、どんな劣勢に立たされても勇敢に戦い、そして徹底抗戦を挑んで絶対に降伏しなかったのである。

玉砕を越えた戦い

「恥ずかしながら、生きながらえて帰って参りました！」

昭和47年（1972）、グアム島から帰還した大日本帝国陸軍伍長・横井庄一氏の第一声であった。横井伍長は、28歳で満州からグアムに進駐し、アガットで米上陸部隊を迎え撃ち、昭和19年8月11日の日本軍守備隊玉砕後、実に28年間もグアムのジャングルに潜んで自活を続けたのである。兵役前に洋服店を営んでいたことから、横井伍長は衣服や日用品をジャングルで採取した植物や散乱していた軍用品などから手作りしていたのだ。

地元住民によって発見されたとき、横井伍長は56歳であった。グアム芸術文化協議会のパンフレットには日本語で次のように記されている。

〈横井さんの発見のニュースは世界中の人々を魅了し、特に日本においては天皇陛下への忠誠が賞賛されました。横井さんの大事業は、極限状況に立ち向かう勇気、母国への忠誠、そして個人の犠牲によって培われた、人間の精神力の勝利といえます〉

横井庄一伍長の忠誠心と愛国心は今でもグアムで讃えられているのだ。現在、横井伍長が28年間を過ごした洞穴は、グアム南東部の「タロフォフォの滝」を観光の目玉とした滝公園の中にある。ただここにある「横井ケーブ」はレプリカで、本物の洞穴は、私有地内にあるため見学することはできない。だがここにも横井伍長の忠君愛国と不屈の精神を讃える立看板があり、英語・日本語・韓国語で表記されている。そして横井伍長の名前の前には「Hero」(英雄)という言葉が冠せられている。

帰国後、横井伍長は「耐乏生活評論家」として過ごし、平成9年(1997)に82歳で他界されてからは日本では忘れ去られようとしている。ところがグアムでは今でも「英雄」として尊敬を集めているのだ。横井伍長が戦い抜いたグアム島をめぐる攻防戦は、ハワイ真珠湾攻撃およびマレー半島上陸作戦と同時だった。昭和16年12月8日、日本軍は、日本に最も近いアメリカ領であったグアム島に対して水上機による空襲を敢行している。その2日後には、5千人を越える上陸部隊がグアム島を占領したのだが、驚くべきことに日本軍の戦死者はわずかに1人、米軍も数十人の戦死者を出しただけでグアム攻略戦は終結した。

このときグアムを守っていたのは、開戦8カ月前に徴兵された現地チャモロ人で組織されたグアム島防衛隊であった。そんな急造部隊で、百戦錬磨の日本軍南海支隊（堀井富太郎少将）に勝てるわけがない。現地召集兵を含め約750人の守備隊を指揮していた米海軍マクミリアン大佐は、戦闘開始からわずか30分で降伏している。おそらくこれは、世界の上陸戦闘史上、〝最短制圧時間記録〟であろう。こうして日本領となったグアム島は「大宮島」と呼ばれるようになった。

大東亜戦争開戦劈頭に米領グアム島を占領し破竹の快進撃を続けた日本軍だったが、ミッドウェー海戦（昭和17年6月）での敗北以降は戦局は振るわず、形勢は徐々に逆転していった。反攻に転じた米軍は、前述のとおり昭和19年7月7日に日本の絶対国防圏とされたサイパン島を占領した。同月18日、その責任をとる形で東條内閣は総辞職しているが、勢いに乗じた米軍がグアム島に上陸を開始したのはその3日後のことだった。

第29師団長・高品彪（たけし）中将率いる日本軍守備隊約2万人に対し、攻める米軍は第3海兵師団を筆頭に総勢5万5千人の大戦力だった。加えて米軍は、戦艦11隻、軽巡16隻、駆逐艦152隻といった大艦隊を沖合に浮かべ、上陸に先立って米海軍史上最長の13日間に及ぶ艦砲射撃を実施し、島西側のアサンビーチとアガットビーチに上陸を開始した。

ところがアサンビーチに上陸した米第3海兵師団は、上陸初日の7月21日に待ち構えていた日本軍の猛反撃を受けることとなった。その結果、予想外の約700人もの戦死傷者を出し、車両55両を失ったのである。あの熾烈な艦砲射撃と空襲にもかかわらず、日本軍守備隊は健在だったのだ。

米海兵隊の戦闘を記録した『アメリカ海兵隊の太平洋上陸作戦（中）』（河津幸英著、アリアドネ企画）によると、日本軍は米軍がアガットビーチに上陸してくることを予想して、ガーン岬にあらかじめ巧みな陣地を構築して米軍を迎え撃っていたという。

〈岬には珊瑚岩の洞穴をコンクリートで補強した小要塞が築かれ、二門の山砲（七五㎜）と三七㎜速射砲が隠されていたのである。一輌のＬＶＴ装軌上陸車は三発の砲弾が命中し、六人のマリーンが即死した。さらに右翼端にあるバンギ岬近くのヨナ小島にも野砲（七五㎜）一門が生き残り、側面から撃ち始めた。こうして上陸部隊はガーン岬の要塞からの射撃と挟まれ、十字砲火を浴びてしまったのである。上陸後の調べによればガーン岬小要塞の射撃を浴びた、幅三〇〇ヤードのイエロー2海岸には、七五人の海兵隊の戦死体が打ち上げられたという（旅団突撃波に参加したＬＶＴとアムタンクの損害は二〇輌）〉

各地で凄まじい日本軍の抵抗が続いた。米軍の上陸海岸を見下ろすフォンテ台に陣取る日本軍守備隊も、圧倒的優勢な米軍を相手に善戦した。

〈…戦車の行動を妨げる急峻な地形と頑強な守備隊の抵抗に直面してなかなか前進できな

かった。とりわけフォンテ台前面の要所であるバンドシュー尾根（パラソル台）に陣取った歩兵第38連隊の第9中隊（石井兼一中尉）は、中隊長がよく部下を掌握し、巧妙な戦闘指導によって米軍の攻勢を撃退していた。彼の戦闘指導は、自殺行為にすぎない陣前出撃を戒め、米軍が接近するのを待ち射撃や手榴弾攻撃により、その攻撃を挫折させるものであったという〉（前掲書）

上陸4日後の24日には、日本軍の激しい抵抗によって米軍の戦死傷者はなんと2千人に達していたのである。日本軍は、進撃してくる米軍部隊を巧みな陣地配置で待ち伏せ攻撃し、米海兵隊に多大な出血を強いたのだ。8月2日、北部のバリダカでは、大田行男少佐率いる3個中隊が、2門の38式野砲で米第706戦車大隊のM4戦車2両を撃破した。続く8月3日、同じく島北部のフィネガヤン付近の道路でも97式中戦車、105ミリ榴弾砲、75ミリ野砲、対戦車用の速射砲などを巧みに配置して路上進撃を阻止する「ロードブロック」を形成して米軍部隊に大きな損害を与えている。

そして最も効果的だったのはゲリラ的な夜襲であったという。日本軍は持てる力を総動員して、各地で徹底抗戦を続けたのである。だが抵抗も長くは続かなかった。米軍上陸地点を見下ろす高台に布陣していた日本軍守備隊は7月25日、いわゆる〝バンザイ突撃〟と呼ばれる総攻撃を敢行し、敵に戦死傷者約6百名の損害を与えたが、ここに日本軍守備隊の組織的抵抗も終焉を迎えた。

そんな中、第29師団第18連隊の第3大隊副官だった山下康裕少尉は部下を率いて、日向台の敵迫撃砲陣地になだれ込み、敵に甚大な被害を与え見事生還している。

〈「突撃だッ！」

叫びながら少尉は、渾身の力をふりしぼって突っ走り、猛然と壕内に踊り込んだ。死にきれずにうごめく米兵を蹴飛ばして、自動小銃を奪うと、壕から逃げ出そうとする米兵を背後から掃射した。

一つの壕を奪った少尉たちは、隣接する敵陣に手榴弾を投げ、自動小銃を乱射した。米軍の銃弾は、全弾が曳光弾だった。少尉は銃を腰に構え、引鉄を引きっ放しにして、曳光弾の弾着の流れを見ながら照準を修正しつつ米兵を射撃した。銃弾を浴びてひっくり返る米兵の姿は、射的の人形のようにあっけなかった。彼は目に入る米兵を、つぎつぎと撃ち殺した。

いまや敵陣内で白兵戦が展開し、日米両兵士の殺し合いがはじまっていた。手榴弾を投げ尽くすと銃剣で刺し殺し、米兵の武器を奪って乱射した。ほぼ敵陣を制圧したとき、いきなり無数の照明弾が頭上に輝き、後方の台地から機関銃の雨が降り注いできた〉（佐藤正和著『グアム島玉砕戦記』光人社NF文庫）

このように日本軍将兵は各地で善戦し、劣勢でありながら敵にひと泡吹かせ続けたことが分かるが、衆寡敵せず。7月28日、第29師団長・高品彪中将が戦死し、以後各員は北部のジャングルで持久戦を戦うことになったのである。米軍上陸後、数日にして戦力の大半を失った日本軍はそれでも戦い続け、そのため米海兵隊は7月30日までに6千人を超える戦死傷者を強いられている。守備隊の最高指揮官は第31軍司令官・小畑英良中将であり、残存兵力は平坦な北部密林地帯で持久戦闘を戦った。日本軍将兵の士気は潰えず、圧迫してくる米兵と勇敢に戦い、日本軍の戦車部隊は寄せ来る米軍にゲリラ攻撃を仕掛けるなどして進撃を阻み続けたのだった。

そして迎えた8月11日、叉木の日本軍司令部壕にて小畑中将が自決し、グアムの戦いは終焉した。

だがジャングルに生き残った日本軍将兵は、各個に米軍の掃討部隊と激しい戦闘を続けた。前出の山下康裕少尉などは、数十名の部下を統率して米軍の掃討部隊と戦い続け、24人の部下と共に武装解除を受け入れたのは、なんと終戦から1カ月後の昭和20年9月12日のことだった。

グアムの戦いでの日本軍の戦死者は約1万9千人、米軍の戦死傷者は約8千人（うち戦死約2100人）を数えた。

サイパン、テニアン、グアムといったマリアナ諸島の戦いで日本軍守備隊は玉砕した。しかしながら、日本軍将兵は圧倒的劣勢でありながらも雄々しく戦い、組織的抵抗が終焉した後も遊撃戦を続け、昭和20年8月15日の終戦後も、大場栄大尉や山下康裕少尉、そして横井庄一伍長のように、他国にその類例をみない敢闘精神と忠誠心をもって戦い続けたのである。日本軍将兵のその武勇と精強さは米軍兵士の心胆を寒からしめ、今日もなお畏敬の念をもって語り継がれている。

〝天皇の島〟の闘魂「ペリリュー島の戦い」

天皇陛下から11回もの御嘉賞をいただいた日本軍守備隊の勇戦敢闘。3日で陥としてみせると豪語していた米軍を待ち受けていたのは、彼らがこれまで経験したことのなかった日本軍守備隊の猛反撃だった。

平成27年4月、ペリリュー島の「西太平洋戦没者の碑」に供花される天皇、皇后両陛下(上皇さま、上皇后さま)

日本軍守備隊を率いた中川州男大佐

戦術を一変させた日本軍

平成27年（2015）4月8、9日、天皇皇后両陛下（上皇さま、上皇后さま）がパラオ共和国に行幸啓され、さらに、戦没者慰霊のために、かつて〝天皇の島〟と呼ばれた激戦の島「ペリリュー」にも足をお運びになった。このニュースは世界中を駆け巡り、これまでほとんど知られていなかった「ペリリュー島」の認知度は急上昇した。

ペリリュー島はパラオ本島から南に約50キロに浮かぶ南北約9キロ、東西約3キロ、面積約13平方キロの小さな島だが、大東亜戦争末期の昭和19年（1944）9月から11月にかけて日米両軍が死闘を繰り広げた激戦の島であることを知る人は少ない。

昭和19年9月15日のペリリュー島上陸作戦を前に米第1海兵師団長ウィリアム・ルパータス少将は部下にこう豪語した。

〈諸君、むろん、われわれも損害は覚悟しなければならない。しかし、本戦闘は短期間で終わるものと確信する。激しい。だが、す早い戦闘だろう。たぶん三日間、あるいはほんの二

日間かもしれない〉（児島襄著『天皇の島』講談社）

サイパン、テニアン、グアムを手中に収めた米軍は、次なる戦略目標を日本の委任統治領パラオに定めて侵攻作戦の準備を進めた。その後のフィリピン奪還作戦を円滑ならしめるためには、その前に立ちはだかる日本軍のペリリュー飛行場を奪取する必要があったのだ。米軍の上陸部隊は、最精鋭の第1海兵師団約2万4千人と米陸軍第81歩兵師団約2万人に加え、付属の海軍部隊など総勢約5万人もの大部隊であった。上陸前、サイパン戦に学んだ米軍は、日本軍守備隊の反撃能力を奪うために、島を取り囲んだ大艦隊による猛烈な艦砲射撃と空からの空爆を実施した。

だが、上陸してきた米海兵隊員を待ち受けていたのは、これまで彼らが経験したことのない日本軍守備隊の猛烈な反撃であった。

米軍を迎え撃ったのは、中川州男（くにお）大佐率いる歩兵第2連隊を中心とする陸海軍部隊総勢1万1千人の日本軍守備隊だった。中川大佐は、マリアナ諸島などで採用された戦術を改め、水際には綿密に火力を連携しあえる頑強なトーチカ陣地を設け、内陸部には固い岩盤をくり抜いて作った〝複廓陣地〟を張り巡らせて、兵士が身を隠しながら戦い続ける徹底持久戦法の方針を打ち立てた。

9月15日午前8時、米海兵隊員は24人乗りの「水陸両用装甲車」（LVT）に分乗し、「水陸両用戦車」（アムタンク＝Amphibious Tank）を先頭に西海岸に押し寄せてきた。突撃第1波のアムタンクが、海岸から約１５０メートルに迫ったときのことだ。それまで艦砲射撃と空爆に耐えて沈黙を守っていた水際陣地が猛然と火を噴き、内陸山中の野砲が一斉に砲門を開いた。日本軍守備隊の猛反撃の始まりだった。それは同時に米第1海兵師団の悲劇の始まりでもあった。

〈最初の水陸装甲艇の接岸は、午前八時三十二分と記録されている。だが、それは同時に海兵たちにとっては、悪夢に似たペリリュー戦の開幕時間でもあった。浜辺は大混乱だった。乗りあげた装甲艇から飛びおりた海兵は、地に足がつく前に鉄カブトを撃ち抜かれて倒れた。一弾をうけ、煙をはきながら方向を失った舟艇が、その倒れた海兵をふみくだきながら、別の舟艇に衝突した。

海兵たちは、こわれた装甲艇のかげにうずくまり、鉄カブトで砂をほって頭をつっこんだ。顔から、胸から、誰もがどこか負傷しているようだった。緑色の戦闘服をどす黒く血が染め、砂をいろどった血痕は動きまわる仲間にふみにじられた。

サンゴ礁に火を吹いた装甲艇が点々と傾き、波打ち際にはうつぶせになった死体、あおむけに手をさしのべた死体が浮いた。「衛生兵」と、吹きとばされた片腕を押えた海兵が叫び、その横にすっぽりと首がとんだ死体がいつまでも血をはきだしながら倒れていた〉（『天皇の島』）

海岸に押し寄せた米軍のＬＶＴやアムタンクが、まるでシューティングゲームのように

■「ペリリュー島・アンガウル島」の位置

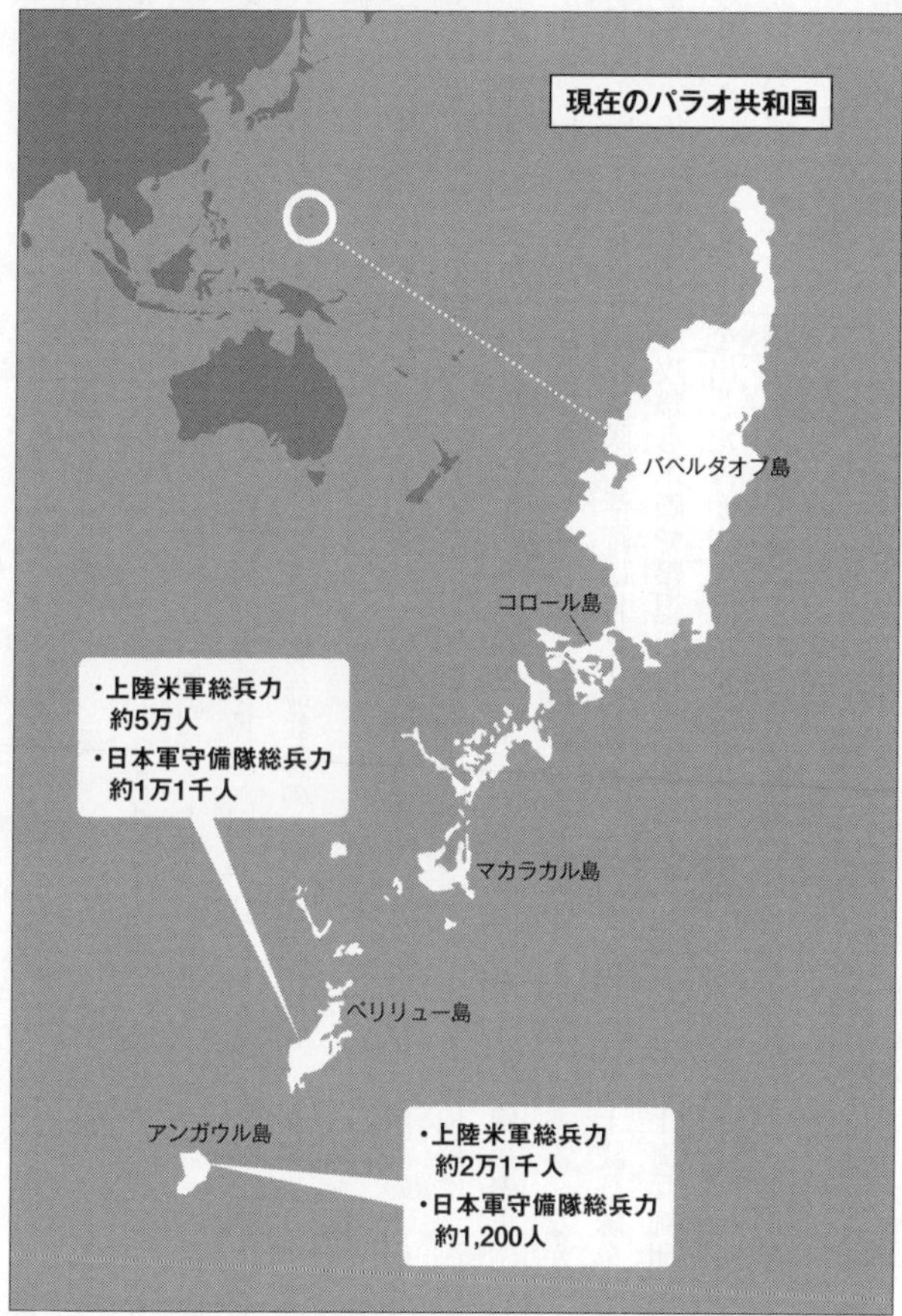

次々と日本軍守備隊の直撃弾を浴びて撃破されていったのだ。上陸海岸の上空を飛ぶ米軍の観測機は、信じがたい自軍の惨状をこう報告している。

〈強烈な射撃は、ホワイト１海岸のちょうど北、ザ・ポイントからだ。破壊されたごみとくずの塊でいっぱいだ。ホワイト海岸には約二〇輌のアムトラック装軌上陸車が燃えている。オレンジ海岸には約一八輌だ。彼らは縦射で破壊されている。敵が見える。野砲一門と敵兵六人。攻撃を要請する〉（河津幸英著『アメリカ海兵隊の太平洋上陸作戦〈中〉』アリアドネ企画）

日本軍守備隊は、米上陸部隊を手ぐすね引いて待ち構えていたのである。西浜の北からイシマツ、イワマツ、クロマツ、アヤメ、レンゲと名づけた強固なトーチカ陣地群は、海岸に押し寄せる米兵に十字砲火を浴びせるよう配置されていた。山中に布陣した砲兵の正確な射撃がこれに加わって、上陸してきた米海兵隊を完膚なきまでに叩いたわけである。なかでも千明（ちぎら）武久大尉率いる歩兵第15連隊の活躍は目覚ましかった。15連隊将兵は敵上陸部隊を見事に粉砕し、後続の敵第２波攻撃も水際で撃退したのである。上陸初日、米第１海兵師団は１１００人を超える死傷者を出したほか、上陸用舟艇60隻以上、Ｍ４戦車３両を失った。海兵隊最精鋭と謳われた第１海兵師団将兵もさすがにこの損害の大きさに驚愕し、この島の日本軍守備隊に震え上がった。

米海兵隊史上最悪の光景を目のあたりにした米兵たちはこの島を〝悪魔の島〟と呼んで

罵った。だが、多大の犠牲を払いながらも圧倒的火力と物量に頼る米軍は、徐々に日本軍水際陣地を制圧して内陸へと突き進み、翌日の夕方には戦略目標であった飛行場に進出してきた。ただし、日本軍守備隊にとってこれは想定内であった。守備隊は内陸に引きずり込んだところを叩く戦術に切り替えて、米軍を待ち構えていたからだ。日本軍守備隊は島内に構築した500もの複廓陣地に身を潜め、米軍の激しい艦砲射撃と空爆をやり過ごし、好機をみて敵に有効な銃砲弾を浴びせた。水も食糧もない極限状態の中でも日本軍将兵の士気は潰えず、ただひたすら怨敵必滅の信念に燃えて敢然と敵に立ち向かっていったのである。

日本軍守備隊は、夜間には少数による夜襲をかけ、日中は岩陰から米兵を狙撃した。これまでとは違う日本軍の戦法に遭遇した米軍将兵は驚愕した。米軍が、「夜襲を止めてくれればこちらも爆撃は止める」と拡声器で日本軍に呼びかけた事実などは、日本軍の夜襲がいかに効果絶大であったかの証左であろう。米兵たちの心胆を寒からしめたこの日本軍の戦いぶりについて、元海兵隊員エド・アンダーウッド大佐はこう語る。

「日本兵は実に勇敢に戦った。当初、米軍は200名程度の損失でこの島を奪取できると考えたんだが、そのあては完全に外れた。日本兵が1発撃つと必ず誰かが殺られた。そう、全員がスナイパー（狙撃兵）のような腕前で米兵を次々と倒していったんだ」

日本軍守備隊の射撃は正確を極めていたようだ。

〈『海兵隊公刊戦史』によれば、日本軍守備隊のライフル射撃のスキルは非常にハイレベルだと賞賛している。多くの海兵隊兵士が、距離二〇〇～四〇〇ヤード（一八二～三六四m）の射撃によって戦死あるいは負傷していたからである〉（『アメリカ海兵隊の太平洋上陸作戦〈中〉』）

米軍の被害はうなぎ上りに増えていった。そして迎えた9月20日、ルパータス少将は、第1海兵連隊の戦闘継続はもはや不可能と判断し、第7海兵連隊に交代させたのだった。第1海兵連隊の死傷者は1749人、損耗率は56％に上った。上陸6日にして米軍最強の第1海兵連隊は日本軍守備隊に〝テクニカル・ノックアウト〟されたのである。

恐慌をきたした米軍は日本兵の潜む壕に火薬を放り込んで爆破し、あるいはガソリンを注いで火を放ち、またブルドーザーで陣地の出入り口を塞ぐなどして堅固な複廓陣地をしらみ潰しにしながら、大山山頂を目指していった。それでも日本軍将兵の戦意は潰えず、不撓不屈の精神で全員が米軍に立ち向かっていったのである。

「とにかく、自分たちが負けたらもう日本は後がないんだと考えていましたから必死でした」

そう語るのは終戦後1年8カ月も戦い続けたペリリュー島の英雄・土田喜代一上等水兵だった。

「いよいよアメリカ軍の戦車が、我々がいる壕に近づいてきたとき、中隊長が『これから敵戦車を攻撃するが、志願する者は手を上げろ！』と言ったんです。その攻撃というのは、棒地雷を抱いて敵戦車に対する肉弾攻撃ですから決死隊です。その攻撃に出れば、生きて帰ってくることはできません。それでも勇敢な2人が志願し、あと1人となったとき、私よりも若い小寺亀三郎という男が手をあげたんですよ。これには驚きました。だって、その前の日にやっと私が銃の撃ち方を教えたばかりの男が名乗り出たんですから。それまで、少し動きが鈍くて、皆から〝お寺さん、お寺さん〟とからかわれていたような男ですよ。それで私は小寺に、『お前、だいじょうぶか?』と聞いたんです。そうしたら小寺が、こう言ったんです。『両親から、死ぬときは潔く死ねと言われました!』――これを聞いて私は、そりゃ胸が張り裂けそうでした。小寺は、そう遺して、ほかの2人と一緒に壕を出てゆきました。そしてしばらくしたら、外でドーンという大きな爆発音がしたんです。翌朝、敵に見つからないように水を汲みに壕の外へ出たら、なんと先の方に敵の戦車2両が燃えていたんですよ。小寺亀三郎は見事に敵戦車をやっつけたんです。あの男は本当に立派でした…」

そう言い終えた土田氏の目には涙が溢れていた。

日本軍将兵は誰もが勇敢だった。そして強かった。いかなる敵にも怯まず、御国の盾となって堂々と戦った。これが米軍兵士を恐怖のどん底に陥れた我が将兵の姿なのである。かつて私がペリリュー島の遺骨収集で出会った元米海兵隊員フレッド・K・フォックス伍長は、日本軍将兵をこう絶賛している。

〈私は、このペリリュー戦がはじめての戦争でした。日本軍は頑強でよく装備されていました。将校は立派でたいへん優秀な軍隊に見えました。戦争ですから多くの戦死者が出るのは当たり前です。ところが日本の兵士達は、任務の如何を問わずこれを必死になって遂行し、一切降伏することなく、戦いを止めず、実に見事な軍人たちでした。強い敵は尊敬される。彼らは正にその言葉通りだったと思います〉(『天翔る青春―日本を愛した勇士たち』日本会議事業センター)

日本軍人は、まさに武人の鑑であり、世界最強の軍人であった。

守備隊長・中川大佐は部下にこう訓示していたという。

〈戦は、つまるところ人と人との戦いである。戦う意志と力をもつものがいるかぎり、戦いは終わらず、勝敗も決まらない。陣地を守る事はその戦いぬくための手段のひとつ。問題はできるだけ多数の敵を倒し、できるだけ長く戦闘をつづけることにある。それには守る陣地が多いほどよい〉(半藤一利著『戦士の遺書』文春文庫)

C・W・ニミッツ提督から日本軍守備隊への賛辞

米軍の被害は深刻の度を増していた。米第1海兵師団の損耗率は60%を超え、ついに〝全滅判定〟されたことで10月30日までに撤退。これに代わって米陸軍第81師団が投入されたのである。次々と予備兵力を投入できる余力のある米軍の圧倒的物量と衰えることのない火力を前に、補給のない日本軍守備隊は消耗していった。

そして、矢弾も尽き果て刀折れた昭和19年11月24日午後4時、中川大佐は軍旗を奉焼し、最期を告げる「サクラ・サクラ」を上級司令部に打電した後、村井少将らと共に自決を遂げたのである。ここに日本軍守備隊の組織的抵抗は終焉した。米軍上陸から73日目のことであった。

ちなみに日本軍守備隊の最期の決別電文となった「サクラ・サクラ」は、日本軍将兵の武勇の象徴としていまも地元の人々に語り継がれており、日本軍将兵の勇気と敢闘を讃える、地元オキヤマ・トヨミさん作詞の『ペ島（ペリリュー島）の桜を讃える歌』も歌い継がれている。

当時、日本の戦局はふるわず連日暗いニュースが前線から届く中、ペリリュー島守備隊の勇戦敢闘ぶりは大本営幕僚を驚かせ戦局の打開をも期待させた。天皇陛下は常にペリリューの戦況を気にかけておられ、毎朝「ペリリューは大丈夫か」と御下問されていたという。陛下は、不撓不屈の精神で勇猛果敢に戦い続けるペリリュー島守備隊に対して11回もの御嘉賞を下賜されており、ゆえにこの島は「天皇の島」とも呼ばれた――。

前出の土田氏は、天皇陛下から御嘉賞を賜ったときの心情をこう語る。

「『おい、土田、またもらったぞ』と上官から聞かされた。『またもらったんですか』と言うて、やっぱり元気百倍になりましたね。もう『ああ、これで死んでもいいや』というような気持ちでした」

前線の兵士にとって天皇陛下から下賜される御嘉賞は、まさに日本国民の声援と感謝の声だったのである。

ペリリュー島の日本軍守備隊は玉砕はしなかった。中川大佐の自決後も守備隊将兵57名はその厳命により、遊撃戦（ゲリラ戦闘）を続けたからだ。山口永元少尉を指揮官とする前出の土田喜代一上等水兵ら34名の勇士が呼びかけに応じて銃を置いたのは、終戦から実に1年8カ月後の昭和22年（１９４７）４月21日のことだった。

不撓不屈の精神をもって戦った日本軍将兵は実に勇敢であり、そしてなにより強かった。

ペリリュー戦から70年目の平成26年（２０１４）９月、私が島内の戦跡を散策していたとき、水際で米軍を迎え撃った高崎歩兵第15連隊の千明大隊トーチカの落書きに胸をうたれた。

〝GOD BLESS ALL THE BRAVE SOLDIERS〟

（すべての勇敢な兵士たちに神のご加護あらんことを）

これまで私は、かくも〝感動した落書き〟を見たことがない。この落書きの主はアメリカ人であろう。勇敢なる日本軍将兵を讃える言葉がトーチカの壁に、石で大きく描かれていたのである。

戦後再建されたペリリュー神社には日本人を驚かせる石碑がある。そこには、敵将・アメリカ太平洋艦隊司令長官C・W・ニミッツ提督から贈られた賛辞が刻まれている。

"TOURIST FROM EVERY COUNTRY WHO VISIT THIS ISLAND SHOULD BE TOLD HOW COURAGEOUS AND PATRIOTIC WERE THE JAPANESE SOLDIERS WHO ALL DIED DEFENDING THIS ISLAND"

日本語では次のように表記されている。

〝諸国から訪れる旅人たちよ、この島を守るために日本軍人がいかに勇敢な愛国心をもって戦い、そして玉砕したかを伝えられよ〟

もはや何も言うことはなかろう。敵将が日本軍将兵の武勇を称え、そしてその事実を伝え続けてくれているのである。そんな誇るべき日本の歴史を知らないのは、いまや当の日本人だけなのかもしれない——。

玉砕を越えた死闘「アンガウル島の戦い」

パラオ、マリアナにおける戦闘の最後となったアンガウル島を巡る戦闘は激烈なものだった。日米の兵力には18倍もの開きがあったが、絶望的な戦力差の中、日本軍はここでも奇跡の奮闘をみせる——。

アンガウル島に上陸した米陸軍第81歩兵師団

八面六臂の活躍を見せた船坂弘曹長
（写真は伍長当時のもの）

「靖国神社で会おう！　長い間の勇戦ご苦労であった」

ペリリュー島から南西約10キロに位置するアンガウル島は、南北4キロ、東西3キロ。面積はペリリュー島の約半分（8平方キロ）ほどの外洋に浮かぶ絶海の孤島である。現代の日本人にはほとんどなじみがなく、これまでその名前すら認識されていなかったが、平成27年（2015）4月にパラオを行幸啓された天皇皇后両陛下が、ペリリュー島での御慰霊の際、遠くに見えるアンガウル島の島影に深く頭を垂れて鎮魂をお祈りになったことで、その名が広く知られるようになった。

戦前、パラオ諸島の属島として日本の委任統治領であったアンガウル島にはリン鉱石の採掘のために多くの日本人が暮らしていた。この小島でわずか1200人の日本軍守備隊と2万1千人もの米軍が死闘を繰り広げたのだ。

アンガウル島に上陸してきた米軍の目的は、この島の平坦な地形を活かして爆撃機用の大きな飛行場を造ることだった。そのため隣のペリリュー島で熾烈な戦いが始まった2日後の昭和19年（1944）9月17日に、米軍はポール・ミューラー少将率いる2万1千人の米陸軍第81歩兵師団をアンガウル島に上陸させたのである。

日米両軍の陸上兵力の差は18倍という絶望的なもの。しかも、制海権・制空権を持たない日本軍守備隊の劣勢は誰の目にも明らかであった。火力の差も歴然としていた。日本軍の火力は、野砲4門と迫撃砲4門のみで、一方の米軍は、砲兵4個大隊（105ミリ砲、155ミリ砲合わせて48門）、M4シャーマン戦車50両、歩兵6個大隊、艦砲射撃を担当する艦艇15隻、これに夥しい数の戦闘機・爆撃機が加わった。だが、勝敗は単純な戦力差だけでは決まらない。

後藤丑雄少佐

圧倒的な戦力の米軍を迎え撃ったのは、後藤丑雄（うしお）少佐（戦死後、2階級特進して大佐）率いる陸軍第14師団歩兵第59連隊第1大隊の精鋭1200人だった。歩兵第59連隊は、長く満州に駐屯して訓練に訓練を重ねてきた現役兵の最精鋭部隊であり、戦闘技量はもとよりその士気もすこぶる高かった。そんな1200人の日本軍将兵が18倍の敵を相手に勇猛果敢に戦い、後藤少佐が戦死して守備隊が玉砕する10月19日までに、米軍に戦死傷者約2600人の大損害を与えたのである。

この攻防戦で〝不死身の分隊長〟と呼ばれたアンガウル島の英雄・船坂弘軍曹は、戦後自らの体験を記録した『英霊の絶叫』（光人社NF文庫）の中でこう述べている。

〈実にアンガウル島守備隊の終末戦は悲惨であった。水もなく食糧も皆無の戦闘が続く。このような極限状態では、たとえば戦争を呪い、軍隊を誹謗し、指導者を憎む声が出るのが当然と考えられるかもしれない。だが私は断言することができる…少なくともアンガウル島の後藤大隊では、重傷者も自決する者も、苦しまぎれにここまで追いつめられた作戦をぼやくものがあっても、全体としての戦争批判を口にした者はいなかった。

「われ太平洋の防波堤たらん」

という言葉は私たちにとって絵空事ではなかったのである。すでに故国を離れるとき、私たちはそういう批判は捨て去り、死を覚悟し、玉砕の事態をも考えていた。

その素朴な精神的な支えは「両親、兄弟の住む日本へ一歩でも米軍を近づけてはならぬ。肉親たちのために俺は死ぬ」ということであった〉

そんな覚悟を持った後藤大隊が米軍を迎え撃ったのである。米軍は、昭和19年9月11日から激しい艦砲射撃と空爆を開始して、17日午前5時50分ごろには西方海上で上陸準備を始めたが、これは日本軍を攪乱させる陽動作戦だった。そのおよそ2時間半後の午前8時10分、米陸軍第81師団は東北港の海岸（レッド・ビーチ）と東港の海岸（ブルー・ビーチ）に上陸を開始した。

陽動作戦により米軍の上陸作戦はまんまと成功したかに思われた。

ところが日本軍守備隊は米軍の同方面への上陸を予想しており、あらかじめ地雷を埋設していたのである。そのため海岸に押し寄せた米軍車両はこの地雷によって次々と吹き飛ばされ、水際における日本軍守備隊の激しい抵抗で大きな被害を受けている。ただ、物量に勝る米上陸部隊は、日本軍守備隊の水際陣地を突破して瞬く間に橋頭堡を広げていった。そこで、後藤少佐は水際撃滅を断念し、島の北西部に点在する自然洞窟にたて籠もって戦う持久戦に転じた。

船坂氏によれば、アンガウル島内には無数の鍾乳洞があり、とりわけ西北高地は、標高が30〜40メートルあり、青池東北方の珊瑚山を中心に、洞窟が南方に300メートル、東西に200メートルも走っていたという。一見すると身を隠すところのなさそうなアンガウル島にあって、これが「ジャングルの自然陣地」になったそうだ。そんな自然陣地に立て籠もった日本軍守備隊は、それからおよそ1カ月、上陸してきた米軍と壮絶な戦いを繰り広げた。

米軍は自然洞窟内に潜んで徹底抗戦を続ける日本軍守備隊に手を焼いたため、彼らは洞窟陣地内に火炎放射器を放射して日本兵を焼き殺し、あるいはガソリンを流し込んで火を点けるといった非人道的な方法で日本兵を殺戮していった。また、その飛液を浴びると激しく燃えだす黄燐弾までもが壕内に撃ち込まれ、火だるまになりもがき苦しんで死んでいった兵士も多かった。洞窟内には、負傷兵らのうめき声や、「水、水、水をくれ！」といった声がこだましていたという。洞窟内で戦い続けた船坂氏によれば、負傷した兵士の中には、「俺の血を飲んで渇きを癒し、1人でも敵をぶち殺してくれ」と言って片腕を戦友に斬らせて息絶えた者もあったという。絶望の淵にあっても日本軍将兵は戦い続けたのだ。船坂氏はその戦いの様子をこう綴っている。

〈洞窟戦は凄まじく、ある者は投げ込まれる地雷と爆雷の導火線を銃剣で叩き切った。舞いこんだダイナマイトに自分の手榴弾を縛りつけて、逆に米軍に投げかえす者もあった。その炸裂音があたりを震撼させ、岩石を砕いて乾き切った白い土埃を巻き上げる。米軍の投げこんでいままさに爆発しようとするその手榴弾を、拾うより早く投げかえす者もいる。米軍にとどかぬ空間で炸裂した黒煙があたりに立ちこめ、米兵がふきとぶ姿、戦友が負傷にうずくまる姿が相つぐ、なかでも勇敢であったのは、ごうごうと噴射音をたてて火炎放射器が一条の噴流を浴びせかけたとき、火焔を全身に受けて火だるまになりながらも倒れず、黒焦げになって敵兵に体当たりをした姿であった。狭い岩場の局地戦は熾烈を極めた〉（前掲書）

彼らは、命ある限り戦い続けたのである。脱水症状と飢餓状態でふらふらになりながらも、それでも敵兵に照準を合わせて引き鉄を引き続けた。それは私欲を満たすためではなかった。それは、「兵隊さん、どうかお願いします！」手を合わせ、歓呼の声で送り出してくれた日本国民を守るためであり、祖国日本を護るためだった。「負けるわけにはいかない！」という信念に燃えた若き兵士たちは、だからこそ、たとえ敵弾に手足を射抜かれようとも、それでも軍刀を振りかざして敵兵に敢然と立ち向かっていったのである。

船坂軍曹は、日本軍の傑作兵器として知られる擲弾筒をもって敵兵を次々となぎ倒していった。アンガウル戦のような近接戦闘では擲弾筒はきわめて有効であったという。擲弾筒とは、歩兵が携帯して、小型の89式榴弾や手榴弾を投射するいわば〝携行式軽迫撃砲〟で、通常3名で運用された。正式名称は「89式重擲弾筒」（全長約61センチ・重量4・7キロ）、89式榴弾および10年式手榴弾と91式手榴弾を撃ち出すことができ、その最大射程は670メートル（手榴弾投射の場合は200メートル）で破壊力は手榴弾の3倍もあった。敵との距離が近い接近戦では極めて有効な携帯兵器であり、米軍から最も恐れられた日本軍兵器の1つだった。船坂氏はこの擲弾筒を用いた生々しい戦闘の模様をこう綴っている。

〈雲霞のごとく押しよせる敵に対して、われわれは撃った。ただ必死に連続発射するだけである。私は擲弾筒を松島上等兵とともに撃ちつづけた。轟音ひびき硝煙たちこめるなかで、高地から撃ちおろす弾着の光景が手にとるようにわかる。

「オオ、ノー！」

と叫ぶ彼らの声さえわかるような気がする。敵は倒れ、逃げ、隠れようとし、走りつつ応戦している。私の擲弾筒も撃ち続けるうちに筒身が焦げてしまったので、椰子の木の葉を幾重にも巻きつけて、熱のために膨張した筒身を押さえつけて撃つ有様である。左脚の重傷、そんなことはもう忘れていた。一時は洪水のごとく押しよせた敵も、われわれの一斉射撃を浴びて釘づけとなり、逃げ場を失った。だが、敵の全滅を考えて喜んでいたとき、島も割れんばかりの艦砲、野砲の攻撃が始まり、その間、約二十分は私たちも頭をひっこめているしかなかった。攻撃の音がしずまって前方を見ると、敵はあちこちに死体を遺して姿を消していた。退却していったのである〉

こうした戦闘が島の随所で繰り広げられ、日本軍守備隊が絶望的な劣勢にありながらも、船坂軍曹らは擲弾筒で敵に甚大な損害を与えた。もちろん、真に米軍に打撃を与えたのは擲弾筒ではなく、日本軍将兵の信じられない奮闘であったはずだ。

対戦車兵器も持たない日本軍守備隊の兵士約10名が米軍戦車に立ち向かい、砲塔によじ登って天蓋を開け、銃剣で敵戦車兵を芋刺しにして敵戦車を捕獲したこともあったという。

また、ペリリュー守備隊と同じく、「斬り込み」や闇夜に乗じて襲撃を行う「夜襲」も多用された。

なかでも第三中隊の島中尉の斬り込みは敵を震え上がらせた。じりじりと匍匐前進で敵陣に近づき、味方の援護射撃に続いて携行弾薬をすべて敵陣に撃ち込むと、島中尉の号令を待った。

〈ときに午前五時十分、島隊長は、

「行くぞ。男子の本懐、面目を果たすときだ。靖国神社で会おう！」

と一言、

「突撃！　進め！」

との号令のもとに、全員が群がる敵兵に白刃をかざして一団となってとび込んだ。駭いたのは米軍である。腰を抜かして動けない者、逃げまどう者、水際に浮かんでいる舟艇にとび乗る者、舟艇の重機を発射しようとする者……。隊員は阿修羅のごとく敵兵を刺し、叩き斬り、獅子奮迅の働きであった〉（前掲書）

船坂氏によると、この一瞬無謀な戦術にみえる〝斬り込み〟も、血気にはやっての単純な行動ではなく、戦況から判断して最善の道を選んだ戦術だったという。そして島中尉の戦死後も、怨敵必滅の信念に燃える兵士らが「今日は俺が斬り込む！」として毎夜斬り込みが行われ、なんと1人で4、5人の敵を倒す者もいたというから、米兵はいかに恐懼したことか。

日本軍守備隊の連夜の夜襲に米軍兵士は恐れおののき、夜になると神経が昂ぶって眠れず、またある者は恐怖に震え続け、闇夜にガサガサとうごめく陸蟹、コウモリを斬り込み隊と間違えて発砲するありさまだったという。米軍公刊戦史にもこうある。

〈蝙蝠及び大型陸蟹がいたく精神的衝撃を与えて日本軍を助け、米隊員は存在しない敵の侵入者に対し発砲し、全前線にわたって騒々しく精神的苦痛が絶えなかった〉

とはいえ衆寡敵せず。迎えた10月19日、追い込まれた日本軍守備隊は残存兵力をもって最後の斬り込みを敢行した。後藤丑雄少佐は大勢の部下に「靖国神社で会おう！ 長い間の勇戦ご苦労であった」と告げて、ともに壮烈なる戦死を遂げたのである。激闘、実に33日。絶望的な劣勢にありながら、第59連隊第1大隊は矢弾尽き刀折れるまで戦い、そして我れに倍する敵を死傷せしめて玉砕したのだった。10月28日、勇戦敢闘ぶりが上聞に達し、アンガウル守備隊には天皇陛下の御嘉賞が贈られている。

戦闘終了後、米軍は後藤少佐の遺体を確認するや、なんとその武勇を讃えて丁重に埋葬している。

かつて私がアンガウル島を訪れた際、「守備隊長の霊」と刻まれた慰霊碑を目にした。これは後藤丑雄大佐のためのものだが、驚くべきことにこの慰霊碑には「終戦時米軍ここに建立」と刻まれていた。つまり、これは米軍の手による後藤大佐の慰霊碑だったのである。だが誠に残念なことに、この慰霊碑は、別の場所に移設後、近年の超大型台風によって流されてしまった。

「これがハラキリだ…」

アンガウルに関しては特筆すべきことが多い。日本軍守備隊による住民保護もその1つである。当時、軍とともに死ぬことを覚悟して集まった島民に対し、日本軍守備隊は米軍への投降を説得し、その結果180名もの島民の命が救われたという。

また、部下からは〝不死身の分隊長〟と呼ばれた船坂軍曹は突出した存在だった。

大正9年に栃木県の農家に生まれ、昭和16年（1941）3月に宇都宮第36部隊に入隊後、歩兵第59連隊が中心となる満州チチハルの第219部隊で国境警備隊としてソ連軍の侵攻に備えていた。その後、連隊はパラオへ転戦し、後藤丑雄少佐率いる第1大隊はパラオ諸島アンガウル島の守備を命ぜられ、船坂軍曹は第1中隊の擲弾筒分隊長として15人の部下を率いて圧倒的戦力差の中で米軍と戦うことになる。

船坂軍曹は若干23歳の分隊長であったが、擲弾筒の射撃技術はずば抜けており、加えて銃剣道など武道の達人でもあった。米軍上陸後のアンガウル島では、幾度も手足に瀕死の重傷を負い、全身血まみれになりながらも地を這い左足を引きずりながら戦い続けた。船坂軍曹は、擲弾筒で米兵を次々となぎ倒しただけでなく、あるときは米兵から奪った自動小銃で洞窟陣地に入ってきた複数の米兵を一挙に撃ち倒した。また両腕と左足を負傷しながらも、地雷を埋設しにきた3人の米兵の内、1人を小銃で仕留め、もう1人には突進して体当たりして腰だめにした銃剣で倒したあと、自動小銃を頭上から撃ちおろしてきた最後の1人には、もはやこれまでと、最後の力を振り絞って銃剣を投げつけるとこれが首に突き刺さって九死に一生を得るなど、まさに映画『ランボー』のような不死身の戦いを演じたのだった。実際、大東亜戦争のすべての戦いが記録された戦後発刊された公刊戦史『戦史叢書』の中には、唯一個人の戦闘記録が載せられていることからも、船坂氏がいかに超人的な戦いを行っていたかが分かる。

こうして獅子奮迅の戦いを演じた船坂弘軍曹は、1人で200人もの敵兵を倒したというから、〝日本陸軍最強の戦士〟であったといっても過言ではない。最後は、生きているのが不思議なほど深い傷を体中に負いながら、その重傷の身体に5発の手榴弾を吊り下げ、右手に手榴弾、そして左手に拳銃を握りしめて米軍指揮所天幕群に突入して玉砕しようとしたというから圧巻だ。

ところが船坂軍曹が走り出して間もなく、日本軍の斬り込みに備えて警戒配置についていた米兵に撃たれてしまったのである。万事休す——。船坂軍曹は、左頸部の付根に重いハンマーの一撃を受けたような、真っ赤に焼けた火箸を首筋に突っ込まれたような熱さと激痛を覚えて意識を失った。

だが、不死身の男はそれでも死ななかった。駆けつけた米軍軍医から99%助からないと判断されながら野戦病院に担ぎ込まれ、見事に死の縁から生還したのである。軍医が船坂軍曹を収容したときのことだ。倒れてもなお放そうとしない手榴弾と拳銃を外そうと軍医が船坂軍曹の五本の指を解こうとすると、周囲を取り囲む米兵に向ってこう言い放ったという。

「これがハラキリだ。日本のサムライだけができる勇敢な死に方だ」

米軍兵士らは船坂軍曹を「勇敢な兵士」と称賛したのは当然だろう。

戦後、アンガウル島で戦った米軍将校のマサチューセッツ大学教授（当時）のロバート・

E・テイラー氏は船坂氏への手紙の中でこう綴った。

〈あなたのあの時の勇敢な行動を私たちは忘れません。あなたのような人がいることは、日本人全体のプライドとして残ることです〉

敵弾を全身に浴びながらもアンガウル島から奇跡の生還を果たした船坂氏はこう訴える。

〈戦後、過去の戦争を批難し、軍部の横暴を痛憤し、軍隊生活の非人道性を暴き、戦死した者は犬死にであるかのようにいう論や物語がしきりにだされた。私はこの風潮をみながら、心中こみあげてくる怒りをじっと堪えてきた。

やっといま、この記録をだすことができるにあたって、私は心の底から訴えたい。戦死した英霊は決して犬死にをしたのではない。純情一途な農村出身者の多いわがアンガウル守備隊のごときは、真に故国に殉ずるその気持に嘘はなかった。彼らは、青春の花を開かせることもなく穢れのない心と身体を祖国に捧げ、

「われわれのこの死を平和の礎として、日本よ家族よ、幸せであってくれ」

と願いながら逝ったのである。いたずらに軍隊を批判し、戦争を批難する者は、「平和の価値」を知らない人である〉（『英霊の絶叫』）

戦後、船坂氏は、大盛堂書店の経営者として生計を立てる一方で、『英霊の絶叫』をはじめ数多くの戦記を著し、その印税でアンガウル島、ペリリュー島、コロール島などの島々に慰霊碑を建立し亡き戦友の慰霊を続けたのだった。

船坂氏が建てたアンガウル島の慰霊碑の碑文にはこう記されている。

「平和の礎のため勇敢に戦ったアンガウル島守備隊の冥福を祈り永久に其の功績を顕彰し感謝と敬仰の誠を此処に捧げます」

平成18年（２００６）2月11日、船坂弘氏は戦友のもとへと旅立った。享年85だった。

陸軍撃墜王を量産した「ノモンハン事件」

ノモンハン事件は、昭和14年に満州国とモンゴル人民共和国の間で発生した国境紛争だったが、事実上は日ソ間の紛争だった。五族協和の理念の下に建国した満州国を日本が支援、モンゴルをソ連が支援する形で軍事衝突した。日本側の惨敗だったとされているが、ソ連崩壊後の情報公開で、ソ連側にも甚大な被害があったことが判明している。とりわけ、空戦では日本軍がソ連軍を圧倒していた。

ノモンハン事件における日本陸軍航空隊の面々

中国戦線では向かうところ敵なしだった97式戦闘機

陸軍エース・パイロットの登竜門

陸軍航空隊の撃墜王（エース）は、大東亜戦争の2年前におきた昭和14年（１９３９）の「ノモンハン事件」におけるソ連空軍との実戦の経験者が多い。あるいは、この航空戦に参加できなかった者は、ノモンハン事件の航空戦から得た戦訓に学んで大東亜戦争を戦った。

ノモンハン事件における陸軍航空隊の主力機は「95式戦闘機」と新鋭の「97式戦闘機」で、ソ連軍の複葉戦闘機「イ１５３」や世界初の引き込み脚をもつ単葉戦闘機「イ16」と連日の激しい空中戦を繰り広げ、我が方の損害が平均1～3機に対して敵機を数十機撃墜するという華々しい戦果をあげ続けていたのである。そんな中で数多くのエース・パイロットが誕生した。

日本陸軍航空隊の最高撃墜数58機を誇るトップ・エースとなったのが篠原弘道准尉だった。篠原准尉は、昭和9年（１９３４）1月に所沢飛行学校卒業後、ハルピンの飛行第11戦隊に配属され、彼が25歳の時に勃発したノモンハン事件が初めての実戦となった。

篠原准尉の初陣は、5月27日のハルハ河上空の空戦だったが、なんとその日にイ16戦闘機4機を撃墜し、その翌日にもイ15戦闘機5機とLZ偵察機1機を撃墜するという大きな戦果をあげている。以降、次々とソ連軍機を撃ち墜としていき、6月27日のタムスク上空の空戦では、驚くべきことにイ16およびイ15を合わせて11機も撃墜するという快挙を成し遂げたのである。むろん1日あたりの撃墜数としては、当時、世界航空戦史上において最多記録であり、以後も日本陸軍航空隊でこの記録は破られていない。篠原准尉の最期は、8月27日の空戦だった。味方爆撃隊護衛の任務の最中、敵機3機を撃墜した直後に敵戦闘機に撃墜され戦死を遂げている。3カ月間に58機撃墜という驚くべき記録もまた、日本陸軍航空隊の最高撃墜スコアとなっている。

この篠原准尉の上官が、飛行第11戦隊第1中隊長・**島田健二大尉**だった。先の篠原准尉の初陣となった5月27日の戦闘で、島田大尉は敵機を3機撃墜し、翌日の戦果も合わせると島田中隊の戦果はわずか2日間で21機を数えた。島田大尉は、停戦日（9月15日）に戦死するまでに敵機40機を撃墜し、彼の率いる中隊の総撃墜数は、撃墜王・篠原准尉らの活躍もあって180機超という凄まじいものだった。

島田健二大尉と停戦の日に戦死した**吉山文治准尉**も、撃墜25機のエースだったが、彼は地上に強行着陸して不時着した戦友を救助するという離れ業も得意としていたというから驚きだ。昭和14年6月27日の空戦で3機のイ16と1機のイ15を撃墜するやボイル湖東方に着陸、不時着していた鈴木栄作曹長を救出し97式戦闘機の狭いコクピットに収容して見事に帰投したのだった。その後の7月25日の空戦でも敵機3機を撃墜後、不時着した鹿島真太郎曹長を同じく着陸してこれまた救助したのである。そもそも空中戦闘の真っ最中に地上に舞い降りて人命救助など簡単にできるものではない。しかも大型機ならともかく、97式戦闘機は1人乗りの単座戦闘機であり、そのコクピットに救助者を乗せるとなると、バイクのシートに2人が腰かけるようなものだ。吉山准尉は8月20日の戦闘では、撃墜した敵パイロットを追って地上に舞い降りてピストルで倒すという映画のワンシーンのような奇想天外な戦いもやってのけている。

こうしたノモンハン事件の空中戦闘の実戦経験は陸軍航空隊の戦闘機パイロットを育て、その後の大東亜戦争に存分に活かされた。陸軍航空隊にとってノモンハン事件の空戦は、エース・パイロットへの登竜門だったのだ。

ノモンハン事件に最年少の20歳で参戦した**金井守告**(もりつぐ)**中尉**（最終階級）は、この戦いで早くも7機撃墜のエース・パイロットとなり、航空士官学校卒業後の昭和19年3月、第25戦隊に配属となり中国大陸で大活躍している。3月10日に安慶上空でアメリカ軍のP38戦闘機を仕留めた後も次々とスコアを伸ばし、終戦までにB29爆撃機を含む26機を撃墜した。金井中尉は洞庭湖上空でアメリカ軍のエース・パイロットとして名を馳せたリチャードソン大尉と一騎打ちを演じ、勝負がつかず互いに別れるという戦史に残る名勝負も演じている。金井中尉は、戦後、航空自衛隊に入隊して3等空佐で退官し、その後も民間のヘリコプター操縦士となったが、昭和47年（1972）8月に事故で亡くなっている。

　ノモンハン事件で初戦果をあげ、大東亜戦争ではフィリピン攻略戦、パレンバン油田防衛戦、ニューギニア戦線、フィリピン航空戦で敵機撃墜21機をマークしたエース・**吉良勝秋准尉**もまた戦後、航空自衛隊で活躍して3等空佐で退官した歴戦の勇士だった。

　ノモンハン事件で28機の敵機を撃墜したエース**垂井(たるい)光義大尉**（最終階級）は、大東亜戦争開戦劈頭のマレー作戦、蘭印攻略戦に参加した後、ニューギニアに展開した飛行第68戦隊に転属して3式戦「飛燕」で10機以上のアメリカ軍機を撃墜した凄腕の持ち主だったが、昭和19年8月18日に徒歩転進中に米軍機の機銃掃射で戦死した。垂井中尉（当時）は、重傷の身でありながら日本の方角に向き直り、「天皇陛下万歳！」を叫んで合掌したまま息絶えたという。彼は最後の最後まで帝国軍人であり続けたのだった。

　同じくニューギニアで徒歩転進中に戦死した**斎藤正午中尉**（最終階級）も、ノモンハン事件で敵機撃墜25機のスコアを残したエースだった。ノモンハン事件では、敵機3機を撃墜後、地上に不時着した3機の敵機を地上掃射で破壊した後、さらに、イ16戦闘機に体当たりして撃墜して生還した不死身のエースだった。斎藤中尉はその卓越した技量を活かして、ニューギニアでは難攻のB24爆撃機も簡単に撃墜してみせるなど苦戦する地上部隊を支え続けた。ニューギニアで斎藤正午中尉と並んで活躍したのが**斎藤千代治少尉**だった。斎藤少尉もノモンハン事件で21機の敵機を葬った歴戦の勇士であり、ニューギニア戦線では強敵P38戦闘機を次々と叩き落としたことから〝P38撃墜王〟の異名を持つほどの空戦の名手だった。斎藤少尉の最終スコアは28機だった。

ノモンハン事件で11機の敵機撃墜を記録した**城本直晴准尉**は、開戦劈頭よりマレー作戦に参加した後も各地で戦い続け、昭和18年（1944）1月にラバウルに進出してガダルカナル島を巡る戦いにも参加して大戦果をあげている。同年1月31日の戦闘では、たった1人で20機からなるP38戦闘機の大群の中に突入して2機を撃墜後、2機を空中衝突させたことにより、1回戦で4機の敵機を葬った凄腕の持ち主で、終戦までの総撃墜数は21機を記録した。

大東亜戦争末期の昭和19年3月に最新鋭戦闘機・四式戦「疾風（はやて）」で編成された飛行第22戦隊の戦隊長として中支・北支戦線などで大活躍した**岩橋譲三中佐**は、これまた飛行第11戦隊の第4中隊長として敵機20機以上撃墜の記録をもつエースだった。

公式撃墜記録は30機であるが、実際はその数をはるかに超える撃墜スコアを持つと言われているのが**上坊（じょうぼう）良太郎大尉**だ。上坊大尉は、ノモンハン事件で18機を撃墜した記録をひっさげて、大東亜戦争では南支でアメリカ軍機と交戦した後、シンガポールなど東南アジア各地で次々と撃墜記録を塗り替えていった。とりわけ、強力な40ミリ機関砲を搭載した二式戦闘機「鍾馗（しょうき）」に乗り、自ら編み出した〝失速反転攻撃法〟という戦法で、B29爆撃機を次々と撃破していったのである。B29撃墜王の樫出勇大尉も認める上坊大尉の「76機」という撃墜記録が正しければ、上坊大尉が陸軍航空隊のトップ・エースとなるだろう。上坊大尉は平成24年（2012）8月13日に97歳で他界した。

二式戦「鍾馗」といえば、**若松幸禧**（ゆきよし）**少佐**だ。若松少佐は、ノモンハン事件では着任2日後に停戦となって実戦を経験できなかったが、大東亜戦争では南支で大活躍し、強豪の在支米軍機を次々と血祭りに上げていった撃墜王として広く内外に知られる存在だった。

大東亜戦争末期に〝大東亜決戦機〟として登場した最新鋭の四式戦闘機「疾風」に機種転換した後の昭和19年10月4日の梧州上空の空戦では、2機の最強戦闘機P51をわずか1連射ずつの攻撃で撃墜するなど、その腕前は当時の陸軍航空隊の中でも群を抜いていた。若松少佐は、その乗機の二式戦「鍾馗」および後の四式戦「疾風」のプロペラ・スピナーを派手に赤く塗っていたことから〝赤鼻のエース〟と呼ばれ、敵のパイロットから怖れられていた。その証拠に、なんと若松少佐の首には、2〜5万元の懸賞金がかけられていたという。撃墜王の名をほしいままにした若松少佐も、昭和19年12月18日に来襲したB29およびP51の戦爆連合の大梯団を迎撃した際、敢闘空しく多数の敵戦闘機に囲まれて大空に散華した。

公式記録では若松少佐の総撃墜数は18機となっているが、実際はもっと多くの敵機を撃墜破していたとも言われている。わずか1連射で敵機を次々と撃ち落としていった若松少佐の射撃技量がずば抜けていたことは誰もが認めるところであったが、**尾崎中和**（なかかず）**中佐**（戦死後2階級特進）の射撃技量もまた、若松少佐に負けず劣らずのものがあった。尾崎大尉（当時）

の射撃技量は部隊内でも最高レベルであったといい、敵機の機銃音が聞こえる至近距離から射撃するという戦術で、次々と敵機を撃ち墜としていったのである。こんな至近距離から撃たれたら十分な防弾装甲を施したアメリカ軍機といえどもひとたまりもない。総撃墜数19機の内、6機が重武装で難攻だったB24爆撃機だったことからもその射撃技量の高さがよく分かる。

戦死後の個人感状には次のように記されていた。

〈特に敵大型機に対する攻撃に至りては真に入神の技を有し壮烈なる敵大編隊の砲火を冒し一撃必墜の肉迫攻撃〉と、〝入神の技〟とまで称えられていたのである。そんな尾崎大尉も、昭和18年(1943)12月27日、遂川上空における敵大編隊との空中戦で被弾しながら、危機に陥った部下を救うために敵機に体当たりして、僚機を助けて自らは散華したのだった。

この勇敢な行動に対して畑支那派遣軍総司令官より感状が贈られた。

〈真に皇軍戦闘機隊の精華を発揮せるものというべく其の武功抜群軍人の亀鑑(きけい)とするに足る〉

戦死後2階級特進した尾崎中和中佐は、名実ともに〝空の勇士〟であった。

敵機の大編隊の中に突入して戦うことは並大抵のことではないが、ノモンハン事件、北支航空撃滅戦から大陸での戦闘に参加し、大東亜戦争ではビルマ方面で勇猛果敢に戦った**田形竹尾准尉**は、そんな戦闘で大戦果をあげたエースの一人だ。

田形准尉は、昭和19年10月12日に台湾に来襲した米海軍第38任務部隊の艦載機F6Fヘルキャット36機の大編隊を迎撃すべく、たった2機の三式戦「飛燕」で立ち向かってゆき、わずか20分ばかりの空戦で、6機撃墜、5機撃破の大戦果をあげ、不時着後も地上からピストルで敵機を狙って引き鉄をひき続けたという荒武者だった。私がインタヴューしたとき、田形氏は笑顔でこう語っている。

「36機の敵機が相手でしたが、特に怖いと思ったことはありませんでした。どこを見ても敵機ですからむしろ闘志が湧いてきましたよ。面白いことに、敵機は、同士討ちになることを怖れてあれだけの数がいても不用意に私を撃てなかったんです。ところが私は逆ですよね。どこを向いて撃っても当たるわけですから。そして空戦に疲れたら敵機の横に翼を並べて飛んで、休むんです（笑）。すると他の敵機も味方に弾が当たる恐れがあるので私を撃てませんからね。ただ敵のパイロットは、私を見て大慌てで翼を翻して逃げていきましたね（笑）」

なんという豪傑だろう。だからこそ日本軍は強かったのだ。引き続き田形准尉の弁。

「レーダーなんかなくても、空戦に慣れてくると、不思議と、敵機がどの方角から飛んで来るかが分かるようになるんです。〝心眼〟です。これが養われるようになれば空戦はこっちのものです」

精神力だけでは戦は勝てない――確かにその通りだが、歴戦の勇士達はその技量と経験で戦い続けたのだった。

※参考文献『日本陸軍戦闘機隊』（酣燈社）

その名を轟かせた「加藤隼戦闘隊」

正式名称は陸軍飛行第64戦隊。日本陸軍が誇った戦闘機部隊で、保有機は一式戦闘機「隼」。加藤建夫中佐が戦隊長であった時代に「加藤隼戦闘隊」と呼ばれるようになった。マレー作戦、シンガポール攻略、蘭印攻略、ビルマ作戦等で奮闘し、多くの撃墜王を輩出している。

日本陸軍の主力戦闘機だった「隼」

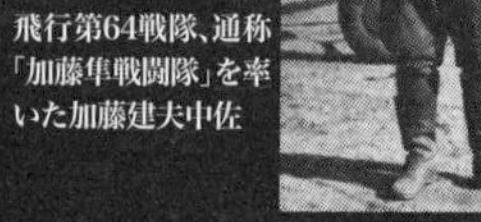

飛行第64戦隊、通称「加藤隼戦闘隊」を率いた加藤建夫中佐

〝義足の撃墜王〟檜與平大尉

緒戦の陸軍の快進撃を支えた飛行第64戦隊

♪エンジンの音　轟々と
隼は行く　雲の果て
翼に輝く日の丸と　胸に描きし赤鷲の
しるしは我らが　戦闘機

軍歌『加藤隼戦闘隊』で知られる陸軍飛行第64戦隊は、ずば抜けた空戦技量を持つ戦隊長・**加藤建夫中佐**(たてお)の名前を冠して〝加藤隼戦闘隊〟と呼ばれ、陸軍航空隊の象徴でもあった。

戦死後、〝軍神〟となった加藤建夫少将（戦死後、2階級特進）は、かつて支那事変で中国軍を圧倒し、大東亜戦争では最新鋭の一式戦闘機「隼」で編成された飛行第64戦隊長として、マレー電撃作戦、蘭印攻略戦、ビルマ作戦など陸軍の主要な作戦に参加、陸軍地上部隊の作戦成功に大きく貢献した。

　そんな卓越した空戦技量を誇った名空中指揮官・加藤建夫中佐は、誰よりも部下思いで、また部下からも愛された。僚機として一緒に飛んだ撃墜王の1人・**檜與平**（ひのきよへい）**少佐**（後述）は、加藤戦隊長の空戦技術をこのように記している。

〈シンガポール上空に一機、敵が舞い上がってきたので、部隊長が私に行けと合図された。私がモタモタして発見が遅れたとたん、部隊長は落下タンクをぶらさげたまま発進し、ピタリと敵の後方にくいついた。三回、四回と宙返りで逃げる敵について、機をうかがっていた部隊長は、一連射をかけたとみるまに、敵は紅蓮の炎につつまれて舞い落ちていった。まったくあざやかな腕前だった〉（『丸エキストラ　戦史と旅⑤　陸軍戦闘機の世界』潮書房）

　こうして次々と敵機を撃ち墜としていった歴戦の勇士・加藤戦隊長も、昭和17年（1942）5月22日、ビルマのアキャブ飛行場に来襲したイギリス軍のブレニム爆撃機を追撃中に、同機の後部銃座に撃たれてベンガル湾に没した。享年40だった。再び檜少佐の回顧。

〈かくて運命の日、五月二十二日を迎えた。十四時三十分、敵ブレニムを急追し、アレサンヨウ沖に巨星は消えていったのだ。軍神部隊長をうしなった部隊の大半の者が、その日、突如として原因不明の病気で寝込んでしまった。しかし加藤戦隊の撃墜数は実に二百数十機をかぞえる。自ら戦果をへらされたことを勘案すると、その実数は三〇〇機をくだらないと思われる。

「自分で人に話のできるような戦闘は、一回もまじえることができなかった」と、もらしていた加藤部隊長の戦闘経験は、古今を通じて不滅の金字塔を打ち立てたのである〉（前掲書）

このあたりについては後述するが、公式には加藤建夫少将の撃墜数は18機、部隊全体の撃墜数は260機に上り、感状は実に7回を数えた。もしや〝加藤隼戦闘隊〟の大活躍がなかったなら、緒戦における陸軍部隊の連戦連勝の快進撃はなかったであろう。

海軍に「零戦」、陸軍には「隼」があった――。陸軍航空隊は、ノモンハン事件（昭和14年＝1939）で抜群の運動性を武器にソ連軍機を圧倒した「97式戦闘機」の経験を活かして、同じ中島飛行機が開発したのが一式戦闘機「隼」だった。1型丙以降は12・7ミリ機関砲2門を搭載し、ずば抜けた運動性をもって終戦間際でもアメリカ軍の最強戦闘機P51ムスタングやP47サンダーボルトを撃ち負かすなど、ベテランパイロットならはるかに高性能の敵機をも格闘戦で圧倒できた傑作機だった。戦後、とりわけ戦争中期以降は連合軍機に歯が立たなかったように言われることの多い「隼」だが、実はビルマ方面では敵機撃墜数は被害機数を上回っていたという記録もあり、優勢な連合軍機に対して互角以上の戦いを続けていたのだ。「隼」の生産量が「零戦」に次ぐ5751機と陸軍機では最多であったことも、同機が優秀な機体だったことを物語っている。

陸軍では「隼」の撃墜王（エース）が数多く誕生している。加藤隼戦闘隊の3中隊長を務めた**黒江保彦**（やすひこ）**少佐**は、陸軍士官学校出身パイロットの中では最多の51機撃墜というずば抜けた撃墜王であった。昭和17年（1942）4月に加藤隼戦闘隊の第3中隊長として着任したその1カ月後に加藤戦隊長が戦死したため、黒江大尉（当時）は64戦隊の中心となって部隊を守り続け、一式戦「隼」で、最優秀レシプロ戦闘機といわれたアメリカ軍のP51ムスタングを次々と葬っていたのである。彼は、昭和18年11月25日の空戦の模様をこう綴っている。

〈隼は、たしかにP51よりは急降下性能は劣るとはいえ、これは高空でのことで、低空では、それほどの差はあらわれないものだ。（中略）ころあいをみて、射撃を開始した。そして数射でP51のエンジンが止まり、そのうえ冷却器にも命中したらしく、敵機はそのまま眼下のシッタン河のドロ沼にすべりこんで胴体が折れた。

この日、われわれは味方数機の八倍の敵機と一戦をまじえてB24、P38、P51あわせて一四機を射落とし、味方の損害は檜大尉がB24を追跡中、P51に後方から攻撃され、大腿部を負傷しながら帰還、着陸時に機体を破損したが、この一機だけであった。P51とはじめてまみえたこの一戦は私にとって快心の戦闘として、けっして忘れることができない〉（『丸エキストラ版75　大空の決戦』潮書房）

ちなみに黒江少佐と協同して敵機に見事な揺さぶりをかけた**隅野五市大尉**も、昭和19年6月6日に戦死するまでに敵機27機を撃墜したエースだった。とにかく黒江大尉の操縦技量は群を抜いており、それゆえに昭和19年1月にビルマから本土に戻され、対B29爆撃機用の新型戦闘機のテストパイロットを務めた。そして実際に、大口径の37ミリ砲を搭載したキ102高高度戦闘機でB29爆撃機の撃墜にも成功しており、四式戦「疾風」でも2機のB29を撃墜している。黒江少佐は、戦後も航空自衛隊で戦闘機パイロットとして防空任務にあたり、小松の第6航空団司令を務めるなど（昭和40年11月事故死）、生涯〝空の勇士〟であり続けた。

黒江少佐が証言する昭和11月25日の空戦で大腿部を負傷した檜大尉とは、前述の加藤戦隊長の僚機として戦隊長を守り続けた**檜與平少佐**のことである。檜少佐もまた、マレー半島、蘭印、ビルマ方面で主としてイギリス空軍と戦ったエースパイロット（12機撃墜）の1人であった。

昭和18年11月23日、P51を不時着させたその2日後、黒江少佐の証言のようにラングーンに来襲した敵大編隊を迎え撃ち、檜大尉（当時）はB24爆撃機およびP38、P51戦闘機各1機を撃墜するという大戦果をあげている。しかしこのとき、P51との空戦で受けた銃弾によって右脚を切断せざるを得ず、義足の身になってしまった。それでも檜少佐は〝義足の戦闘機パイロット〟として飛び続け、戦闘機操縦者の教育にあたりながら、昭和20年7月16日に本土空襲にやってきた250機ものP51をわずか24機の新鋭「五式戦闘機」で迎え撃ち、見事に宿敵P51を撃墜して仇討を果たしている。この日の戦闘で檜少佐は、P51の12機編隊の最後尾に忍び寄って敵機に機関砲弾を叩き込んで敵機を撃墜した。そのときの様子を檜少佐は短くこう振り返っている。

〈二十メートルまで肉迫して、一連射、五、六発を撃ち込んだ。敵はたちまち砕け散った〉（『丸エキストラ　戦史と旅⑬』潮書房）

〝義足の戦闘機パイロット〟による世界初の撃墜記録である。

そんな歴戦の勇士・檜與平少佐の撃墜数が12機とはあまりにも少ないように感じる。もっとも冒頭に紹介した加藤建夫少将のそれが18機であることにも首を傾げる人も多いだろう。実は、加藤戦隊長は、個人の撃墜をひけらかしたり、また新聞などでその戦果を大々的に報じられることを嫌っていたといい、加藤隼戦闘隊員の個人撃墜記録は、およそ支那事変やノモンハン事件の際のもののみとなっていたようである。そのことについて檜少佐は次のように証言している。

〈支那事変当時は各中隊に撃墜旗をかかげ、飛行機の胴体に赤鷲のマークを撃墜ごとに入れさせた部隊長も、太平洋戦争になってからは、個人の功名手柄を許さなかった。部隊の綜合戦力を主体とし、上空掩護があって、はじめて安心して活躍ができるのであると、チームワークを最大の方針として教育された。

そのため、極度に新聞報道を忌避されたのも、偉大な進歩であった。そのため加藤戦隊には、表だった撃墜王はただ一人もあらわれなかった。パイロットの撃墜数を整備員が知らない場合も多かった〉（『丸エキストラ　戦史と旅⑤』）

第64戦隊最後の戦隊長となった**宮辺英夫少佐**もまた、12機以上の撃墜記録を持つ凄腕のエースだったが、戦争後期には夕弾とよばれた散布弾による対地攻撃でも大きな戦果をあげている。

宮辺少佐はこう語っている。

〈昭和二十年一月六日、北ビルマにあるイエウ附近にいる機甲部隊を攻撃するため、両翼に五〇キロの夕弾を一発ずつだいてゆくと、はるか遠くから砂煙がみえた。このあたりは密林地帯とちがって、車両のかくれ場所がなかった。それは戦車、装甲車を先頭に約二百五、六十両であった。そこで奇襲にあわてた車両群は、前方車に追突し、あるいはハンドルを切りそこねて転覆するもの、乾田をころげて逃げる兵など、痛快な光景を展開した。

それでも部隊はつづいて砲撃をおこない、各所で炎上し、壊滅状態におちいった車両群をみとどけて帰還した。さらに十一日にも十八機で、再度、イエウ附近の装甲部隊を攻撃し、六〇両を炎上させた〉(『丸エキストラ　戦史と旅⑬』)

戦後も自衛隊で操縦桿を握り続けた陸鷲たち

蘭印およびニューギニア方面で活躍した飛行第59戦隊の**南郷茂男中佐**もまた「隼」の撃墜王だった。「ニューギニアは南郷でもつ」といわれたほどの空戦技量をもった南郷大尉（当時）は、圧倒的優勢な米軍機を相手に戦果をあげ続け、26歳で戦死するまでに約15機を撃墜したとされているが、実際は20機以上の敵機を撃墜したとみられている。

陸軍士官学校のトップ・エースが黒江保彦少佐なら、少年飛行兵のトップ・エースは、鬼退治の桃太郎に因んで〝ビルマの桃太郎〟と呼ばれた**穴吹智曹長**だった。開戦劈頭のフィリピン攻略戦で米軍P40戦闘機を撃墜して以来、ビルマ方面に転戦して大活躍し、昭和17年12月24日の空戦では、被弾のため主脚が出たまま3機のイギリス軍戦闘機ハリケーンを撃墜した腕前を持つ。その後も穴吹曹長は、日本軍の劣勢が明らかになってからも1回戦で複数機撃墜の驚異的な記録を重ねた。

昭和18年3月31日の空戦では、わずかな攻撃のチャンスを逃さず、立て続けに3機のハリケーン戦闘機を撃墜した。穴吹曹長は自著でこう述べている。

〈敵に察知されないように、グウァーと左ラダーを使いながら、特異の二段突進をしかけ、敵が最大限に回避機動を打つ、その側上方から、必殺の十三ミリ機関砲の一撃を、ダダダダッ……と撃ち込み、集中弾をハリケーンの横っ腹に叩き込んだ。敵も回避したが、一瞬遅かった。わが炸裂弾を食らって、サアーッと薄い黒煙を噴き、やがて真っ黒いおびただしい黒煙に包まれて緩い錐もみ状態となり、さらにグウーンと機首を突っ込み、長く長く黒煙の尾を引いて、パタガ東方のマユ山系に墜落し、ひときわ大きく黒煙を噴き上げて炎上した。

「穴吹軍曹、ハリケーン一機撃墜…」

戦果確認を終えると、すぐに次の目標めがけて、スロットル前回で上昇に移った〉（穴吹

智著『続　蒼空の河』光人社NF文庫）

穴吹軍曹は、その後も彼我30機が入り乱れての空戦を続け、新手の敵機に一撃を加えて火を噴かせるも、残念ながらその墜落を見届けることができなかった。そのため〝撃墜不確実〟となったが、さらに追いつ追われつの激しいドッグファイトの末に3機目のハリケーンをナフ河西岸に撃墜した。集合点に行ってみると、出撃した8機の味方機のうち2機だけが確認できたという。

〈そこへ、わが山本編隊の二機が加わり、四機となって、大きな左旋回で待つうちに、敵を長追していた深追い組が、一機、二機、また一機と帰ってきて、なんと八機が全機そろったではないか。まるで夢のようだった。あの激しい空中戦によくも打ち勝ったものと思う。私は、わが僚友たちの強さに舌を巻く思いであった。戦隊長機以下八機の「隼」は、ゆうゆうと帰途の途につく。煙霧に煙るアラカン戦線のあちこちに、墜落して炎上する黒煙が十数条、噴き上がっている。どれもこれも、みな敵機のものだった〉（前掲書）

一式戦闘機「隼」は強かった。穴吹曹長は昭和18年1月には軽武装の「隼」でありながら重武装のB24爆撃機も撃墜している。さらにその年の10月8日には、たった1人でB24爆撃機とP38戦闘機の編隊に戦いを挑み、なんとB24爆撃機2機とP38戦闘機2機を撃墜し、さらにもう1機のB24に体当たりしながら海岸に不時着して生還を果たしている。華々しい武勲に輝く穴吹曹長には生存者でありなら感状が贈られ、ビルマ軍司令官オン・サンまでもが見舞いのために病床を訪れたという。その後も本土防空戦でB29爆撃機やアメリカ海軍のF6F戦闘機を撃墜するなどした穴吹曹長の総撃墜数は実に51機を数え、これは先の黒江少佐とタイ記録である。

穴吹曹長は戦後、陸上自衛隊に入隊してヘリコプター部隊の指揮官として活躍し、平成17年（2005）に85歳で天寿をまっとうした。

黒江少佐、穴吹曹長をはじめ、陸軍一式戦闘機「隼」の操縦桿を握って熾烈な空の戦いを勝ち抜き、多数の敵機を撃墜したエース・パイロットの多くが、戦後も自衛隊で再び操縦桿を握って防空任務に就き、そして後進の育成に全力を注いだのである。

飛行第59戦隊の編隊長を務めた牟田弘國（むたひろくに）少佐は、「隼」の操縦桿を握って南方戦線で大活躍し、戦後は航空自衛隊で第6代航空幕僚長に就任（昭和41年）した後、制服組トップの第4代統合幕僚会議議長を務めた（昭和42〜44年）。

軽武装で防弾装備がなかった一式戦闘機「隼」——。しかし、パイロットの技量次第で高性能の連合軍機と互角以上の戦いを演じ、かくも大きな戦果をあげていたのである。そしてその空戦技術は、戦後も自衛隊にしっかりと受け継がれていたことを知っていただきたい。

※参考文献『日本陸軍戦闘機隊』（酣燈社）

B29を打ち負かした「陸軍航空部隊」の活躍

大東亜戦争末期、日本本土を焼け野原にすべく飛来したB29爆撃機。だが彼らの前に敢然と立ちはだかったのが本土防空を担う陸軍航空部隊だった。この陸鷲の果敢な肉薄攻撃により、B29は次々と撃ち落とされていったのである。

"超空の要塞"と呼ばれたB29爆撃機

"B29撃墜王"の樫出勇大尉

７００機以上のB29を撃墜した日本軍

ノモンハン事件、支那事変、南方作戦など、陸軍航空隊は各方面であらゆる敵と大空の戦いを演じたが、終戦間際には慣れない水上艦艇に対する特攻作戦に多くのパイロットが投入され、また同時に本土に来襲するＢ29爆撃機に対する防空戦闘に明け暮れた。

全長30メートル、全幅43メートル、強力な２２００馬力のエンジンを4発搭載した10人乗りの巨大なＢ29は、９トンもの爆弾を搭載し、防御用として12・7ミリ対空機銃を10挺と20ミリ機関砲1門を備え、1万メートルの高高度を巡航速度時速３５０キロ（最高速度時速５７０キロ）で飛行することができた第2次世界大戦最大にして最強の爆撃機で、〝超空の要塞〟（スーパーフォートレス）と呼ばれた。

この最強爆撃機を撃墜することは至難の技だった。だが、帝都防空の重責を担った陸軍飛行第70戦隊（千葉県・柏）で、本土空襲にやってきたこのＢ29を次々と撃ち落していった戦隊トップ・エースが**小川誠少尉**であった。小川少尉は、二式戦「鍾馗」で7機のＢ29と護衛のＰ51戦闘機を2機撃墜し、その武勲が讃えられて武功章を受章、准尉から少尉に昇任した凄腕のパイロットだった。主として、夜間に来襲してくるＢ29の迎撃を得意としていた。

二式戦闘機「鍾馗」は敵戦闘機との格闘戦を想定して設計された一式戦「隼」より大きい１５００馬力（「隼」１１５０馬力）のエンジンを搭載し、最高速度も時速６０５キロ（「隼」約５５０キロ）で、12・7ミリ機関砲を4挺あるいは2挺に加えて大口径の40ミリ機関砲を両翼に2門ずつ搭載したタイプ（2型乙）もあり、とりわけ爆撃機など大型機に対する一撃離脱戦法で大きな戦果をあげた。

小川少尉は群馬県太田上空に飛来したＢ29の7機編隊に対して、先頭のＢ29が、今まさに爆弾を投下しようと爆弾倉を開いたその瞬間を捉えて40ミリ機関砲弾を爆弾倉に撃ち込んだのである。するとＢ29は空中で大爆発を起こし、近くに飛んでいた他の機体もその爆発の巻き添えとなって墜落したという。小川少尉は、一挙に2機のＢ29を撃墜するという快挙を成し遂げたのである。

この同じ第70戦隊の第3中隊長・**吉田好雄大尉**も、夜間の戦闘でＢ29を6機撃墜する戦果をあげるなど、70戦隊は帝都防空に大活躍したのであった。終戦までに第70戦隊が撃墜・撃破した敵機は約１２０機を数えたが、損害はわずかに戦死8名、殉職者9名だった。飛行第70戦隊の本土防空戦は大勝利だったのである。

二式戦「鍾馗」の他にも本土防空戦でＢ29に大打撃を与えたのが、二式複座戦闘機「屠（と）

龍」であった。１０８０馬力のハ１０２エンジンを2発搭載した2人乗りの「屠龍」は、様々なタイプがあり、なかでも対爆撃機用は、一発命中すれば巨大なB29とて吹き飛んでしまう強力な大口径の37ミリ機関砲を機首に1門、下方から撃ち上げるために機体上部に斜め上向きに取り付けた2門の20ミリ機関砲、後方警戒用の7・7ミリ機銃を備えた特殊戦闘機であった。

この二式複戦「屠龍」のエースといえば、飛行第4戦隊（山口県小月）の**樫出勇大尉**だ。樫出大尉は、終戦までにB29を26機も撃墜した文字通りの〝B29撃墜王〟であった。ノモンハン事件では、くしくも9月15日の停戦日の空戦が彼にとって初陣となったが、2機を撃墜する戦果をあげ、その後は九州・大刀洗の飛行第4戦隊に転じて台湾などで防空任務に就き、主要な作戦には参加することなく、「屠龍」による防空訓練に明け暮れていた。

そんな中、昭和19年（１９４４）6月16日、17機のB29爆撃機が初めて本土に来襲した。このとき日頃の猛訓練の成果を如何なく発揮して第4戦隊はこれを迎え撃って内6機を撃墜し、不確実撃墜3機、しかも味方の損害はゼロという〝パーフェクトゲーム〟をやってのけたのである。この日の空戦で樫出大尉は、八幡上空で2機（1機不確実）を撃墜した。戦後、樫出大尉は、たった1撃でB29を撃墜した迎撃戦の様子をこう書き記している。

〈ついに射距離は約二百メートル、後方の無線士田辺軍曹に、

「撃墜するぞ」

と伝声管で連絡した。

「教官殿、頼みます」

田辺軍曹の声もさすがに緊張していた。距離約八十メートル、私は歯を食いしばり、愛機の誇る火砲三十七ミリの引鉄を引いた。

鍛えに鍛えた一発必中の弾丸は、愛機にわずかな衝撃を残し、「ドン」と発射砲口より殺気を帯びた青白い炎を吐きつつ、見事敵機の致命部たる左翼取付部附近に吸いこまれて行った。命中確実の自信はあったが、敵機の巨体は私に負いかぶさるように迫ってきた。

あわや衝突というとき、私は無意識に離脱操作をしていた。一瞬、空中接触を観念しつつ反転離脱した〉（複戦「屠龍」北九州　Ｂ29邀撃記―『丸エキストラ戦史と旅⑤』潮書房）

その2カ月後の8月20日には、80機ものＢ29の大編隊が北九州に来襲した。このときも第4戦隊は首尾よくこれを迎え撃ち、23機を撃墜、日本側の未帰還機はわずかに3機という大勝利が報じられている。もちろんこの日も樫出大尉は出撃し、2機のＢ29の撃墜に成功している。この日の迎撃戦では、野辺軍曹と高木兵長の操る「屠龍」が巨大なＢ29に体当たり攻撃を仕掛けて敵と刺し違え、なんと2機のＢ29を葬っている。樫出大尉はこの壮絶な肉弾攻撃を目の当たりにしながら、自らも別の機体を見事に撃墜している。その時の壮絶な状況を樫出大尉はこう綴っている。

〈「野辺、ただいまより体当たり」

と早口に悲壮な訣別無電を送るとともに、そのまま第一梯団編隊長機に、猛然として激突を敢行したのである。彼我両機は一瞬、空中に巨大なる火の渦を生じ、同時に敵の四発機は飛散、双発の野辺機も吹っ飛んだ。蜘蛛の子を散らすがごとき無数の残骸に、敵の二番機が激突し、これまたたちまち錐揉状態となって墜落したのである。

私は目前に野辺機の壮烈きわまる戦闘を目撃し、一瞬目を閉じ、冥福を祈るとともに、二勇士の仇討ちとばかり、編隊の四機に対し編隊長につづけとB29群に突っ込み、一発必中弾を巨人機の翼の付根付近にぶちこんだ。その一機は左翼を分解され、断末魔にもだえつつ散華していった〉(前掲書)

樫出大尉は、この日の邀撃戦の戦果を、撃墜16機、不確実4機、撃破13機としており、公表戦果と違いがあるものの、アメリカ軍にとって大打撃であったことは間違いない。さらに樫出大尉は、昭和20年3月27日の迎撃戦でもB29を3機撃墜、3機撃破という大戦果をあげている。

飛行第4戦隊には、樫出大尉に優るとも劣らぬ〝B29撃墜王〟がいた。

樫出大尉がB29迎撃戦で初陣を飾った昭和19年6月16日の戦闘で、B29を2機撃墜し、3機を撃破して戦隊最大の戦果をあげたのが**木村定光中尉**だった。木村中尉は、昭和20年3月27日の夜間迎撃戦で、一晩で3回も出撃してB29を5機撃墜したうえに、2機を撃破するという前人未到の大戦果をあげている。次々とB29を血祭りに上げていった木村中尉だったが、撃墜スコア〝22機〟をマークしながら、終戦1カ月前の昭和20年7月14日の迎撃戦で大空に散っている。

この他にもインドネシアのアンボンにあった飛行第5戦隊の伊藤藤太郎大尉は、「屠龍」でB24リベレーター爆撃機を4機撃墜しており、本土防空戦では「屠龍」「飛燕」「五式戦」などで9機以上のB29を撃墜して、武功章を受章した〝B29撃墜王〟の1人だった。

また、ビルマ方面で大活躍した飛行第50戦隊の**佐々木勇曹長**も、天才的な操縦技量で知られ、撃墜数38機を誇るエースだった。南方から本土帰還後の昭和20年5月25日、夜間空襲のために帝都に飛来したB29爆撃機の編隊に対して四式戦「疾風」で果敢に攻撃を仕掛け、立て続けに3機を撃墜するという大戦果をあげ、その後もB29に挑み続けて3機を撃墜し、3機を撃破した。そしてその功績が称えられ、昭和20年7月15日には武功章が授与されて准尉に特進している。この撃墜王・佐々木勇准尉は戦後、航空自衛隊に入隊して3等空佐（少佐）で退官している。

このように難攻不落の空の要塞B29も、日本軍の戦闘機および高射砲によって次々と撃墜されていたのだった。B29爆撃は3900機が生産され、そのすべてが対日戦に投入され、日本本土に14万トン超の爆弾や機雷を投下し、さらに広島および長崎に原子爆弾を投下して、日本の敗戦を決定的にした。だが、驚くべきことに、714機ものB29が日本陸海軍の防空戦闘機と高射砲によって撃墜、あるいは事故によって喪失していたのである。また、陸海軍の防空部隊によって485機が撃墜され、その他に撃墜には至らずとも2707機が撃破されているとの記録もある。

戦後、「B29には手も足も出なかった」かのように伝えられてきたがこれは誤りであり、実は陸海軍の戦闘機部隊はかくも多くのB29を撃墜する大戦果をあげていたのである。

帝都上空の死闘「飛行第２４４戦隊と震天制空隊」

帝都防空を任ぜられた陸軍飛行第２４４戦隊。高々度を飛ぶB29爆撃機を三式戦「飛燕」で迎え撃ち、また特別編成された決死隊の「震天制空隊」がB29に体当たりするなどして、次々と戦果をあげていったのだった——。

B29への“馬乗り攻撃”の3D再現イメージ(『撃墜王』双葉社刊、CG制作／後藤克典)

第244戦隊の精鋭たち。左から隊長の四宮徹中尉、板垣政雄伍長、吉田竹雄軍曹、阿部正伍長(244戦隊HPより)

高度1万メートル「超空の死闘」

昭和17年（1942）4月に新編された飛行第244戦隊は、当初は調布基地（東京）を拠点に帝都防空戦に大活躍した部隊であり、保有機は40機の三式戦闘機「飛燕（ひえん）」であった。ライセンス生産したドイツ製ダイムラーベンツDB601液冷エンジンを搭載したその独特のフォルムは、空冷エンジン搭載がいわば標準であった日本軍機の中では異彩を放った。そんなことから「飛燕」は〝和製メッサーシュミット〟と呼ばれ、事実ニューギニア戦線で初めて遭遇した米軍パイロットが、ドイツのメッサーシュミットが現れたと勘違いしたエピソードも残されている。

この「飛燕」の性能は、最高速度時速約610キロ（Ⅱ型）、航続距離は約1600キロで、武装は、12・7ミリ機関砲4門を搭載したⅠ型、12・7ミリ機関砲2門と20ミリ機関砲2門を備えたⅡ型などがある。これまで私がインタヴューした複数の「飛燕」のパイロットは、一様に同機の操縦性を絶賛しており、実際にドイツのメッサーシュミットBf109Eよりも運動

竹田五郎大尉

小林照彦大尉

性はもとより性能は優れていた。ただ、エンジンの故障が多かったため整備員泣かせで、可動率に問題を抱えていたことも報告されている。

昭和19年（1944）11月28日、この「飛燕」を揃えた飛行第244戦隊に、若干24歳の若武者・**小林照彦大尉**が戦隊長として着任した。後にこの若い戦隊長・小林大尉（後に少佐）は、B29爆撃機10機を含む敵機12機を撃墜した本土防空戦のエースとなり、その率いる飛行第244戦隊の輝かしい戦果とともに瞬く間に日本中に知れ渡ることになる。飛行第244戦隊で先任飛行隊長を務めたエースの**竹田五郎大尉**は、小林戦隊長の思い出をこう語る。

「それはもう、小林戦隊長は実に立派な方でした。何事にも率先実行して勇敢に戦わ

いよいよ三式戦「飛燕」で〝超空の要塞〟と言われたB29爆撃機を迎え撃つことになった竹田大尉だったが、高度1万メートルを飛ぶB29を邀撃することは容易ではなかったという。

「B29が最初に東京に飛来したのは確か昭和19年11月3日だったですかね。たった1機で来たんです。これに対して邀撃すべく上がったんですが、とにかく飛行高度が高くてとてもあの高度まで上がれなかったんですよ。高高度を飛ぶB29を攻撃するには、高度をとって敵機の前方進路上に上がっていなければならないんです。

例えば、同じ高度に上がれてもB29が自機の真横2〜3千メートルを飛んでいる場合は、もう攻撃はかけられません。なにせ、高度9千メートルぐらいになりますと空気が薄く、飛行機はふらふらして旋回すると300メートルくらいは降下してしまうんですよ。そのうちに、これはいままでの装備では無理だということになって、『飛燕』を徹底して軽量化させることになったわけです。まず4門積んでいる機関砲を2門に、弾も1門あたり100発に減らして、さらに座席の後ろにあった防弾板も下ろしました。そうしたらなんとかなったんです」

飛行第244戦隊の第1飛行隊長として、終戦までにB29を5機撃墜・7機撃破、P51戦闘機3機撃墜の記録を誇ったエース**生野文介大尉**が語る。

「私の機は、重量を軽くするために2挺の12・7ミリ機銃を外しましたね。それで破壊力の大きい20ミリ機関砲だけを積んでB29に挑んだわけです。あれは凄かった。この20ミリ機関砲はドイツのマウザー砲というやつで砲弾が電動式装填される仕組みになっていたので、B29迎撃にはかなり有効でしたね」

そして迎えた12月3日、飛行第244戦隊はB29の大編隊を迎え撃って、6機撃墜・2機撃破の大戦果をあげることができたのである。このとき、「はがくれ隊」の**四宮徹中尉**、**板垣政雄伍長**、**中野松美伍長**は、飛来してきたB29に対して体当たり攻撃を敢行し、敵機を葬った後、見事に生還を果たしている。神業ともいうべきB29への体当たり攻撃はたちまち日本国中に知れ渡り、国民の戦意を高揚させた。

このときの体当たり攻撃で四宮中尉は片翼をもぎ取られながら帰還したが、なんと中野伍長は、B29の巨体に馬乗りになって「飛燕」のプロペラでB29の胴体を切り裂いて撃墜し、見事に生還を果たしている。この日の戦闘を竹田氏はこう回想する。

「この特別攻撃隊に使われた『飛燕』は、防弾板はもちろんのこと、機関砲もすべて取り外されて、機体を武器として文字通り肉弾攻撃をかけたんです。四宮中尉の場合は、B29の尾翼に自機をぶつけたんです。それで相手の尾翼をもぎ取ったんですが自機も主翼の半分をもぎ取られ、それでも片翼で帰ってきたんですよ。彼は私とまくらを並べて寝ておったんでが……本当に勇敢な男でした。後に四宮中尉は、対艦船の特攻隊に志願して沖縄で壮烈な戦死を遂げております。それともう1人、B29に〝馬乗り攻撃〟をかけた中野伍長ですが、彼から聞いたところ、彼はB29の後方から突っ込んでいって機体を引っ張り上げたら、そうしたらB29の上に乗っかっちゃったというような感じだったそうです。実はこの中野伍長は、2度体当たり攻撃して2度とも生還しているんですよ。ああ、あともう1人、板垣伍長も2度体当たり攻撃をかけて生還しています」

B29は次第に関東だけでなく中京地区にも飛来するようになったことから、飛行第244戦隊は東京と名古屋の中間に位置する浜松基地に進出して敵を迎え撃つ態勢を整えた。

昭和20年（1945）が明けた1月3日、およそ90機のB29が名古屋・大阪に向けて飛来してくるという情報が戦隊本部に飛び込んできた。ところが上級司令部である第10飛行師団司令部からは何の命令もない。折りしも小林戦隊長は東京に出張中であり、そこで先任飛行隊長・竹田大尉が独断専行の出撃命令を下したのである。

飛行第244戦隊は竹田大尉の陣頭指揮のもとに勇戦奮闘し、5機のB29を撃墜し、7機を撃破するという大戦果をあげた。しかも、我が方の損害はゼロ。飛行第244戦隊の完全勝利であった。このとき竹田大尉もB29を攻撃し、照準機で捉えたB29に全弾を浴びせると、敵は左翼から黒煙を噴き出して急降下していったというから、これは明らかに〝撃墜〟であろう。

「高高度での戦闘というのは、テレビや映画で見るように3機できちっと編隊を組んで空中戦闘をやることなどほとんどありません。自分の狙った敵機に食らいついてゆくのが精一杯で、ばらばらに戦うことになるんです。ですから、この1月3日の戦闘でも後で報告を聞いて集計して初めて戦果を知ったんです。私の独断による邀撃でこうした戦果をあげたということで、東部軍司令部から表彰を受けることになったわけですが、小林戦隊長はいつも『見敵必殺』と言っておられましたから、とにかく上がろうというわけで出撃命令を出したまでなんです。賞賛していただいたのですが、邀撃の指揮官としては当たり前のことをやったというふうに思っています」（竹田氏）

面白いことにB29に対する攻撃方法は昼間と夜間では異なっていたという。昼間の攻撃方法について、前出の生野文介大尉はこう明かしてくれた。

「理想的な攻撃法は、敵機の後上方からの攻撃ですが、B29に後方から攻撃をかけると、銃座からもの凄く撃たれるんですよ。B29には最後尾にも機銃がありますからね。それに、後方からの攻撃は前方攻撃とは違って自分の飛行機を敵機の速度に合わせるわけですから、相手に狙い撃ちされやすくなるんです。だから昼間の攻撃は、もっぱら正面攻撃でしたね。

B29を攻撃するのに最も被害が少なく、戦果をあげられるのは正面攻撃です。しかも、正面上方から攻撃を仕掛けるやり方です。上方から敵機めがけて突進すると自機に速度がつきますからね。B29の前方は装備されている機関銃の死角があり、こちらが撃たれにくいんですよ。それに相対速度がありますから敵機への接近時間が短く、それに敵の防御射撃にさらされる時間も短いんです。攻撃のときは、自機を10度ほど傾けて敵機の真正面に銃弾を浴びせかけ、それで一気に地面に向かって垂直に下降するわけです。こうして正面から攻撃して即座に90度の角度で下降する。この〝一撃離脱戦法〟ですと敵機の機銃攻撃をうまくかわせるんですよ」

戦隊史によれば、飛行第244戦隊が大戦果（B29撃墜5機、撃破7機）をあげた昭和20年1月3日の同日14時45分、生野大尉は伊良湖岬南方50㌔の洋上で1機を撃墜している。こうして生野大尉は〝超空の要塞〟と呼ばれたB29を次々と血祭りにあげていったのである。生野氏によるとB29の防御射撃は凄まじく、僚機が撃たれている状況を目の当たりにすると身震いがするほどだったという。

「ところがね、自分が敵の猛烈な銃弾の雨あられの中に突っ込んでゆくと、どうやって撃ち落してやろうかという思いでいっぱいになって〝恐怖感〟などというものは微塵も感じなくなるんですよ」

恐怖を感じる余裕すらないというのが本当の戦場心理なのだろう。そんな生野大尉にとって、夜間は絶好のB29狩りの時間帯だったという。米軍機は夜間なら安全と考えていたのか低空で飛来してきたため、飛行第244戦隊の格好の餌食となった。

昭和20年（1945）4月13日深夜、約170機のB29が帝都を空襲したとき、生野大尉は千住上空で1機を撃墜し、さらに板橋上空で1機を撃破している。生野大尉はB29の後下方から忍び寄って銃砲弾を浴びせかけB29を確実に仕留めたのだ。生野大尉は少し機種を下げて戦果を確認し、敵機が火を吹いていなかったため、再び機種を少し上げて敵機の下腹に弾丸を撃ち込んだという。生野氏はそんな夜間戦闘を振り返る。

「夜間攻撃ではかなりの戦果をあげられたと思います。灯火管制で真っ暗ですが、B29のエンジンの赤い排気が目印となりますし、地上の探照灯に照射されて夜空に浮かび上がった巨大なB29の後下部にもぐりこんで撃つわけです。ところが昼間とは違って、後ろから攻撃をかけても夜間ではB29はなぜか撃ってこなかったんでよ。不思議だったね……。だからB29相手の夜間戦闘はやりやすかったんです」

暗闇の中で、次第に近づいてくるかすかな羽根の音をたよりに小さな蚊を追い回すのが至難の業であるように、夜間爆撃中のB29にとって、小さな「飛燕」は発見しづらかったのだろうか。あるいは、暗闇での応射による味方機への誤射を恐れたのだろうか。いずれにしても搭載機銃が発射されなかったことは我が迎撃機にとってはなによりだった。

「〝演習〟で上がればいいんだ！」

飛行第244戦隊には他にも〝B29狩りの名人〟がいた。市川忠一大尉である。昭和20年4月15日のB29の夜間爆撃に対する迎撃では、市川大尉は一晩で2機のB29を撃墜した他、1機を撃破し、さらにもう1機に体当たりしてパラシュートで生還した強者であった。その後も市川大尉は、B29に対する迎撃戦に挑み続け、小林戦隊長は「わが部下ながら神様なり、頭の下がる思いなり」(『日本陸軍戦闘機隊』酣燈社)と、日記に記したという。

対29爆撃機迎撃で目覚しい戦果をあげ続けた飛行第244戦隊に対し、昭和20年5月15日には第1総軍司令官・杉山元帥より感状が贈られた。このとき飛行第244戦隊は、敵機撃墜84機、撃破94機を記録していたのである。

そして沖縄戦が佳境を迎えた頃の昭和20年5月、これまでの「飛燕」から最新鋭の「五式戦闘機」に機種転換した飛行第244戦隊は、沖縄への航空特攻を支援するため九州鹿児島の知覧へと進出し、特攻基地が集まる九州南部の防空と特攻機の直掩を行った。竹田大尉らが機種転換した5式戦闘機は陸軍最後の制式戦闘機で、三式戦闘機「飛燕」の液冷エンジンを空冷式の「金星」に換装した機体であった。これにより五式戦は、運動性や操縦性が三式戦「飛燕」よりも格段に向上し、米軍戦闘機と互角以上に戦える性能を誇ったのである。

「この戦闘機は素晴らしかった。非常に高い性能をもっておりました。上昇性能も抜群でしたし、旋回性能も良かったんです。もしこの飛行機がもう1年早く登場しておれば、B29の邀撃も、もう少しはよかったんじゃないかな……」（竹田氏）

竹田大尉は五式戦で本土防空戦を戦い抜いた。昭和20年7月、飛行第244戦隊は第11飛行師団の隷下となり、本土決戦に備えて八日市飛行場（滋賀県）へと転進した。この転進はあくまで本土決戦に備えることを目的としており、第244戦隊は〝虎の子部隊〟であったため、兵力温存のために敵機が来襲しても出撃することが禁じられていたという。上級司令部からの出撃禁止の命令には闘志旺盛なるパイロット達は切歯扼腕の思いであった。「ではいったいどうすれば敵機と戦うことができるだろうか」、竹田大尉はそのことを考え続け、ある妙案を思いついたという。

「〝演習〟で上がればいいんだ！」

この妙案を具申するや、小林戦隊長は「よし明日は戦隊訓練だ！」と即決合意したという。

「もちろん実弾を積んでいますから、上がったときに敵機が来たのだから攻撃するのは当然という理屈をつけて、早朝から整備して上がったんです。そして高度差をとって各飛行隊が敵機を待ちうけていたんです。私が指揮した飛行隊は、最上階について上空直掩を担当しました。空中戦闘というのは、相手機よりも高い高度に位置して攻撃をかければまず勝つんです。そうしたら運良く、10数機のF6Fヘルキャットが八日市飛行場を銃撃しはじめたんです。ところが我々はすでに上空にあって、今か今かと待ちわびていたわけですから、まさに〝飛んで火に入る夏の虫〟でした。我々は高空の優位な位置から攻撃をしかけたんですよ。不意をつかれた米軍機は次々と友軍機に撃ち落されていきました」

このとき竹田大尉は1機のF6Fを補足し、後方から近づいたが敵機は竹田機に気づいていないようだったという。

「高度を下げてゆくと、私の目の前を敵機が飛んでいたんです。そこで機関砲弾を浴びせかけ、命中弾を食らわしたんですがその途中で突如機関砲が故障してしまったんですよ。そこで私は上昇しながら機関砲の故障を調べている内に、今度は私が敵機の銃弾を浴びることになったんです。別の1機が私の後方に忍び寄っていたんです。翼端に敵機の銃弾を浴びながら、私は急上昇しました。すると敵機は失速して落ちていったんです。もしやこれが『飛燕』だったら撃ち落されていたでしょうね。私は、五式戦のおかげで命拾いしたんです」

昭和20年7月25日、この日飛行第244戦隊は大勝利を収めたが、出撃禁止の命令が出ていたにもかかわらず戦闘を行ったため、小林戦隊長は司令部に呼び出されて叱責された。

「小林戦隊長は、上級司令部から帰ってくるなり『なんで戦果をあげたのにあんなに怒られるんだ！』といって不満をもらしておられましたよ（笑）」

ところが、この日の大戦果が上聞に達し、飛行第244戦隊は天皇陛下から御嘉賞をいただいた。これに慌てた上級司令部は、なんと一升瓶を1ダース持ってやって来たという。そして迎えた昭和20年8月15日、日本の敗戦と同時に栄光の飛行第244戦隊の戦いは終わったのである。

戦後、小林照彦少佐、竹田五郎大尉、生野文介大尉は、航空自衛隊で再びジェット戦闘機の操縦桿を握って本土防空の任務に就いた。

竹田大尉は、第14代航空幕僚長（昭和53年）を務めた後に自衛隊制服組トップの統合幕僚会議議長（現在の統合幕僚長）について昭和56年に退官した。生野大尉も長くパイロットとして後進の育成に努め空将補で制服を脱いだ。戦隊長の小林照彦少佐は、第1飛行団第1飛行隊長を任じていた昭和32年（1957）6月4日、T33練習機で浜松基地を離陸直後に墜落して殉職された。

B29に〝体当たり攻撃〟を行った「震天制空隊」

「最初にB29が本土にやってきたとき、我々も迎撃に上がったんですが、高度7、8千メートルぐらいまでしか上がれませんでした。ですから、1万メートルの高高度で飛んでくるB29を落とすことができなかったんですよ」

そう語るのは、陸軍飛行第２４４戦隊の元軍曹・板垣政雄氏（戦後、加藤に改姓）だった。帝都防空戦で大活躍した陸軍飛行第２４４戦隊の中でも、板垣軍曹（陸軍少年飛行兵11期）は、2度もB29爆撃機に体当たりしながら、奇跡的な生還を果たした〝スーパースター〟である。だが当初、昭和19年11月初旬、飛行第２４４戦隊は偵察のために高高度で飛来したB29を迎撃することができなかったのだ。板垣氏は言う。

「いや、そりゃもう……ただ東京都民に申し訳がなくてね……心苦しくて外出もできませんでしたよ。だから、とにかくB29を落として大きな顔で町を歩けるようになりたかったですな…」

そこで考案されたのが「対空特別攻撃隊」だった。要は敵爆撃機に対する戦闘機による〝体当たり攻撃〟である。この対空特別攻撃隊は「はがくれ隊」（葉隠隊）と命名され、四宮徹中尉を隊長として、吉田竹雄軍曹、阿部正伍長、そして板垣政雄伍長の4名4機で編成された。発足当初は一式戦闘機「隼」によって編成されたが、後に高高度性能のよい液冷エンジンを搭載した三式戦闘機「飛燕」に機種変更された。そしてできるだけ機体重量を軽くするために両翼の機関砲を取り外すなどの改造を施してＢ29を迎え撃ったのである。

『陸軍飛行第２４４戦隊史』（櫻井隆著／そうぶん社刊）によれば、飛行隊長の村岡大尉が板垣伍長（当時）と鈴木伍長を率いて三式戦「飛燕」の上昇限界を試したところ、村岡大尉は高度1万4百メートル、板垣伍長は1万2百メートルを記録したが、編隊を組めたのは8千メートルが限界だったという。空気の薄い高高度では飛行機の姿勢を制御するのは簡単なことではなかったのだ。

昭和19年11月24日、飛行第２４４戦隊は１００機ものＢ29の大梯団を迎え撃った。「はがくれ隊」にとってはこれが初陣であった。しかし残念ながら、このときの戦闘では「はがくれ隊」は戦果をあげることができず、飛行第２４４戦隊の戦果は1機撃墜、1機撃破にとどまった。「はがくれ隊」の隊長・四宮中尉は逃げていくＢ29を追撃し、果敢に体当たり攻撃をしかけたものの惜しくも失敗に終わっている。

この日、佐藤権之進准尉と中野松美伍長が「はがくれ隊」に加わった。中野伍長は、板垣伍長と同じ少年飛行兵11期であった。さらにその5日後の29日には、陸軍航空隊のエース・小林照彦少佐が戦隊長として着任し、飛行第２４４戦隊は磐石の態勢でＢ29迎撃戦に臨むこととなった。

前述の通り、新戦隊長・小林照彦少佐率いる飛行第２４４戦隊は、昭和19年12月3日、来襲したＢ29の大梯団を迎え撃った。この日飛来したＢ29の数は86機。小林戦隊長は自ら操縦桿を握って戦闘に参加し、飛行第２４４戦隊は6機のＢ29を撃墜する戦果をあげたのである。その内3機は、「はがくれ隊」の体当たり攻撃によるものであった。

「Ｂ29は、スズメがぶつかっても高度が下がります。高高度はそれほど空気が薄いということです。ですから飛行機がぶつかれば当然Ｂ29は高度を下げるだろうから、それを本隊が攻撃して落とすことを考えたわけです」（板垣氏）

この日の迎撃戦では、板垣伍長も見事敵機に体当たりを成功させている。板垣伍長は、11機編隊の最後尾を飛んでいたＢ29の前上方から体当たりを試み、敵機に激突した瞬間、その衝撃で空中に放り出されたのである。ところが落下傘が奇跡的に開いたために千葉県印旛沼付近に着地し、農家で応急手当を受けた後に取手駅から電車に乗って調布基地へ戻ったという。それにしても、空戦で落下傘降下したパイロットが電車で基地に帰るというのはとても考えられないことだが、当時とすればそうするしかなかったのだろう。板垣氏は述懐する。

「あのときは、どうやってＢ29にぶつかってやろうかという思いだけで、『怖い』とかそんなことは思わなかったです。生きるとか死ぬとか……そういうことは考えなかったですな。あの日の戦闘では、Ｂ29よりも確か１００メートルか２００メートルほど高い高度をとって真正面から突進したんです。その瞬間のことはよく覚えていませんが、なんだかその衝撃で操縦席から放り出されてしまって、落ちてゆく途中で意識を取り戻したんです。

そして、落下傘が開いているかなと恐る恐る見上げたら、落下傘がちゃんと開かずにくるくる回っていたんですよ。落下傘の紐が引っかかっていたんです。それで両腕を思いっきり伸ばして3回ほど左右に回転しながら、なんとかもつれを直したんです。落下傘の紐のもつれを直すには相当な力が必要で、思わず『神様、助けてください！』なんて叫んでいましたよ。ところがちょうどそのとき、地上から汽車の音が聞こえてきましてね、『ボー』という音が。そうしたら急に冷静になったんです。それで空から降りてくる兵隊さんが『助けてくれ、神様、助けてくれ』と言っているのが地上の人たちに聞こえたら笑われるぞと思って……それからは黙って降りてきたんですよ」

そのときの体当たりの様子を、飛行第244戦隊・先任飛行隊長であった竹田五郎大尉は、戦後次のように記している。

〈板垣伍長も十一機編隊の敵を発見し、その編隊長をねらって反転し、攻撃をかけようとした。しかし、高度差が不足したためやむなく最後尾機をねらった。

約百門による火網は、仕掛け花火のように烈しくむかってくる。発動機、燃料タンクも赤い炎を噴き出し、焼けつくような熱気に包まれた。

つぎの瞬間、敵の主翼付根に体当たりした。主翼は飛散し、彼の愛機も空中分解し、板垣伍長は機外に放り出され失神した。気がつくと落下傘は開いており、無事着地した。彼は腰

を痛めたが、大した傷もなく、翌日からまた任務についた〉（別冊『丸』―終戦への道程、潮書房）

この日の戦闘では、もう1人、敵機に豪快な体当たりを敢行した勇者がいる。前に紹介した中野松美伍長だ。戦闘の様子は『陸軍飛行第244戦隊史』に次のように記されている。

〈中野伍長は数度の体当り失敗の後、十五時三十分頃、印旛沼北方高度九千五百メートル付近で十二機編隊のB29の編隊長機に対し後下方から接近、敵機の左昇降舵を自機のプロペラで噛った後、敵機の背に乗り上げていわゆる『馬乗り体当り』を敢行した。この武勇伝は、後日新聞によって喧伝されることになる。

中野機はエンジンが停止した滑空状態となったが、茨城県稲敷郡太田村の水田に不時着し、中野伍長は頭に負傷したものの無事だった〉

中野伍長は、そのときの〝馬乗り攻撃〟についてこう述べている。

〈基地を離陸してから、すでに三時間もたっており、しかも高々度である。一刻も早くやらなくては、燃料がなくなってしまう。よし、やれと、操縦桿を思いきり引きあげると同時にレバーを全開にした。つぎの瞬間、異常な音を感じるとともに、愛機に強い震動がはじまった。思わず操縦桿をおさえると、今度はB29の真上にきた。

たしかに水平尾翼の昇降舵ふきんをふき飛ばしたはずだ、そのうちに落ちるだろう。今度は自分が敵の胴体の真上にあり、なぜか小学校の歴史の時間にならった新田四郎を思い出した。B29の内側左右のエンジン二基は、愛機の翼にかくれて見えないが、外側のエンジンは轟々とうなっている。何秒飛んだであろうか、私にとってはじつに長い時間のように思われた。そのうち、敵は急に機首をさげて突っこみはじめた。私もそれにあわせて突っこんだが、機体の震動はますますつのるばかりなのでついに高度六千メートルで追撃を断念してスイッチを切り、操縦桿をじょじょにひいて機首を水平ちかくまでもってきたのち、方向舵を左右の足で操作すると、ありがたいことに動いてくれたのである。

「しめた、オレは生きている」

この時、はじめて自分に帰った〉（『丸エキストラ版85』潮書房）

B29への馬乗り攻撃とは、つまり〝B29との白兵戦〟である。想像するだけで身震いするような肉弾戦だが、中野伍長の脳裏に去来するものは、護国の二文字だったのだろう。

この戦闘の後、竹田大尉が中野伍長にB29の上部の色を尋ねたところ、中野伍長は淡々と「ねずみ色です」と答えたという。中野伍長もまた、板垣伍長と同様に降下現場近くの農家で手当てをしてもらって電車で帰隊している。不時着した中野伍長の乗機は、しばらく日本橋三越百貨店の屋上に展示され、この曲芸のような荒業でB29を撃墜した武勲機を一目見ようとやってくる見物客で賑わったという。

この2人の英雄に対し、後に「武功徽章乙」が授与され、両伍長は、そろって軍曹に昇進した。加えてこの対空特別攻撃隊はこの日の武勲により「震天制空隊」と命名されたのである。それにしても、捨て身の体当たり攻撃を受ける側のB29乗員の心境はいかばかりであったろう。

震天制空隊はその名のとおり、天空のB29の乗員の心胆を寒からしめ、恐怖のどん底に叩き込んだ。撃っても撃っても怯むことなく真一文字に突っ込んでくる日本軍機への恐怖は計りしれず、同じく特攻機の攻撃を受けた艦艇乗組員よりも深刻だったに違いない。ところが震天制空隊の隊長・四宮中尉は、新編された対艦特別攻撃隊「振武隊」に自ら熱望して転出し、昭和20年4月29日に鹿児島県の知覧から沖縄方面に出撃して散華した。四宮中尉は、体当たりによって一気に数百人を道ずれにできると考えたのだろうか。

もう1人、震天制空隊の創設メンバーだった吉田竹雄曹長は、昭和19年12月27日の迎撃戦でB29に体当たりして壮烈な戦死を遂げた。沖縄特攻で戦死した四宮中尉の後任として震天制空隊の隊長を務めた高山正一少尉と丹下充之少尉は、昭和20年1月9日の迎撃戦で見事B29への体当たりに成功して2機を葬った。だがこのときの戦闘で、高山少尉は生還したが、丹下少尉は敵機もろとも大空に散っている。

迎えた昭和20年1月27日、この日は70機のB29が東京を襲った。陸軍飛行第244戦隊は総力をあげてこれを迎え撃ち、これまでの対空特攻最多の7機がB29に体当り攻撃をかけた。その中の1人が小林照彦戦隊長だった。小林戦隊長は無事生還を果たしたが、1度目の体当たりで生還した震天制空隊長の高山少尉は、このときに散華している。

一方、板垣軍曹と中野軍曹は再び敵機に体当たりしながらまたもや生還を果たし、2つ目の武功徽章乙を受章した。板垣氏は当時を振り返る。

「この頃になると、B29も慣れてきたのか、ずいぶん高度を下げて飛んできていました。高くてせいぜい8~9千メートルってところだったと思います。そして2回目の体当たりのときは、B29の後方からぶつかっていったんです。自機のプロペラで、B29の巨大な方向舵と昇降舵をガリガリとやったんです……そのときは、『ああ、やったぞ!』という思いだったですね」

B29の真正面から飛んできた板垣軍曹機は、敵機とすれ違うや急反転して後方から肉薄。自機のプロペラで、敵機の垂直尾翼の方向舵と水平尾翼の昇降舵にかじりついたという。

「それで敵機の尾部に激突した瞬間に操縦桿を足で蹴飛ばしたんです。その後はどうなったか覚えていないんですが、また落下傘が開いて目が覚めたんですよね…」(板垣氏)

とてつもない度胸と強運の持ち主である。先任飛行隊長・竹田大尉は、板垣軍曹、中野軍曹の大活躍に最大の賛辞を送っている。

〈両伍長はともに少飛十一期生で、当時、二十歳。多少茶目っ気はあるが純朴、一見、普通の青年であった。まさに鬼神を哭かしめるような行動ができたのは、天稟によるものであろうが、殉国の至誠と責任感にあったのではあるまいか。

体当たりは死を意味する。一度地獄を見た生身の人間が、また次の死を前にして、内に苦しみを秘めて悠々と書を読み、将棋に興じている姿を見て、彼らはまさに生きながらにして

神であると、信ずるほかなかった〉（別冊『丸』―終戦への道程、潮書房）

そう、「震天制空隊」は米軍の無差別爆撃から命懸けで国民を守る〝生き神様〟だったのだ。

私は、板垣氏にとってもっとも印象に残った空戦について聞いてみたが、板垣氏は、遠慮がちに笑みを浮かべながらこう繰り返した。

「いや～別にないですな。毎日、何とかしてあのB29を撃墜して大きな顔で外出したい、ただそれだけでしたから…」

かくして陸軍飛行第２４４戦隊は、およそ１００機ものB29爆撃機を撃墜し、加えて敵搭乗員に底知れぬ恐怖を与え続けたのである。大東亜戦争末期の日本は、高高度を大挙して押し寄せるB29に手も足も出せなかったなどという話が横行しているが、そうではなかったのだ。

日本防空部隊によるB29の撃墜数が４８５機（７１４機が撃墜されたという資料もある）。日本本土上空で撃墜されたB29のおよそ五分の一は、陸軍飛行第２４４戦隊の戦果だったことになる。板垣氏は、この２度目の体当り攻撃後も「飛燕」から「五式戦」に機種転換し、本土防空戦および特攻機の直掩任務のために終戦まで操縦桿を握り続けたエース・パイロットである。

知られざる「帝国海軍潜水艦」の活躍

海中に潜み艦船に魚雷を浴びせる潜水艦。その活躍は空母や戦艦の陰に隠れ、大きく取り上げられることが少なかった。さらに、日本軍の潜水艦の運用は酷評にさらされることが多く、その活躍が評価されることも少なかった。だが、大東亜戦争開戦時から終戦に至るまで、日本海軍の潜水艦は、絶えず重要な役割を果たしていた！

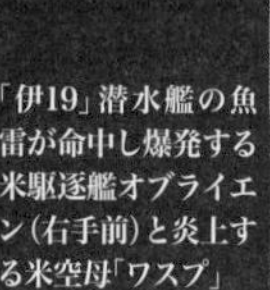

「伊19」潜水艦の魚雷が命中し爆発する米駆逐艦オブライエン（右手前）と炎上する米空母「ワスプ」

戦略原潜のモデルとなった「伊400」型潜水艦

米空母「ワスプ」を葬った「伊19」の奇跡

潜水艦——水上艦艇のように艦隊行動はとらず、常に単艦で行動し、ひっそり海中に潜み敵の艦艇に攻撃を仕掛ける〝海の忍者〟である。そもそも潜水艦がその真価を発揮したのは、第1次世界大戦だった。なかでもドイツの「Uボート」は有名で、その活躍が潜水艦の脅威と重要性を広く内外に知らしめるきっかけとなった。大戦中にUボートは、連合国の商船を5千隻以上も撃沈し、連合軍将兵を恐怖のどん底に陥れたのである。戦後のベルサイユ条約では、ドイツが潜水艦保有を禁じられたという事実が、その被害の深刻さを物語っている。

続く第2次大戦では、ドイツ海軍は再び高性能のUボートを投入して3千隻もの商船を撃沈する大戦果をあげた。こうしたUボートによる通商破壊作戦は、敵軍への物資補給を妨害し敵国の経済活動に大打撃を与えたのである。もちろんUボートは、連合軍の戦艦や空母など多数の戦闘艦艇も沈めている。再びドイツのUボートによる大損害を被った連合国は、戦後、西ドイツが再軍備するにあたり、潜水艦は、〝小型の潜水艦〟に限って保有を認めるという規制を設けた。東西冷戦後、こうした制限がなくなって初めて、ドイツは制限なしで高性能のハイテク潜水艦を建造できるようになったという経緯がある。

では、米海軍はどうか。世界で初めて〝潜水艦〟を実用化させた米海軍は、大東亜戦争ではソナーやレーダーなどを搭載した優秀な潜水艦を大量に投入し、通商破壊作戦で多くの日本の商船や輸送船などを撃沈した。米海軍は約２４０隻の潜水艦を投入し、南方から日本本土に運ばれる工業原料を満載した商船や南方へ投入する将兵を乗せた輸送船を待ち伏せして魚雷攻撃や機雷敷設を行った。そのため、多くの艦艇が沈められ、日本は継戦能力を失い敗戦に追い込まれていったのである。

米軍の潜水艦による通商破壊作戦によって沈められた日本の商船は実に1千隻以上であり、それは戦争中に失われた全商船のおよそ半分に相当した。加えて、日本の航空母艦をはじめ数多くの水上艦艇も米潜水艦によって沈められている。

では、日本海軍はどうだったのか。日本の潜水艦部隊の活躍はあまり伝えられていないのだが、実は、日本海軍の潜水艦は重要な局面で大きな戦果をあげていたのだ。日本海軍における潜水艦の運用は、インド洋におけるイギリス商船等に対する通商破壊作戦を除けば、そのほとんどが敵の水上戦闘艦に対する攻撃に振り向けられていた。インド洋では、日本海軍は38隻の潜水艦を投入して輸送船など１２０隻（60万8千トン）を沈め、16隻（9万6千トン）

を撃破した。戦闘艦艇については敵潜水艦1隻を撃沈し戦艦1隻を撃破したにすぎなかったが、損失した潜水艦はわずかに3隻だった。

一方、太平洋方面では、輸送船など船舶59隻（29万4千トン）を沈め、33隻（20万6千トン）を撃破したにすぎなかったが、日本海軍潜水艦が魚雷攻撃で撃沈した敵戦闘艦は14隻を数え、その内訳は正規空母2隻、護衛空母1隻、重巡洋艦3隻、軽巡洋艦1隻、駆逐艦5隻、潜水艦2隻だった。加えて、撃破した敵戦闘艦は7隻で、同じく内訳は、正規空母2隻、戦艦1隻、重巡洋艦1隻、軽巡洋艦1隻、駆逐艦2隻という戦果をあげていたのである。だが、こうした華々しい戦果と引き換えに約１２０隻もの潜水艦が失われたのも事実である。

ただ、興味深いことに日本の潜水艦部隊は、〝ここぞという場面〟では特に活躍している。

空母4隻を失って大敗を喫したかのミッドウェー海戦では、空母艦載機の攻撃で大破した米空母「ヨークタウン」を沈めて一矢を報いたのは「伊１６８」潜水艦だった。「伊１６８」から発射された4本の魚雷の内2本が「ヨークタウン」の左舷に命中、巨大な水柱を噴き上げた。そして同時に「ヨークタウン」に横付けしていた駆逐艦「ハンマン」にも1本の魚雷が命中してこれを轟沈したのである。「伊１６８」は、1度に2隻を葬ったのだった。

昭和17年（１９４２）8月31日には、ソロモン海域で潜水艦「伊26」が米空母「サラトガ」を大破せしめた。当時「伊26」の艦長であった長谷川稔大佐は、緊迫した艦内の様子をこう記している。

〈「方位角右九十度」

「方位盤よし」

艦内は寂として声なし。すぐに空母の中央が潜望鏡の十時のマークにしずしずとよって来る。

「用意、射てッ！」

この号令を怒鳴った瞬間に、間髪入れず左の方から備前の名刀のような反りのある鋭い駆逐艦の艦首が、ニューッと視野いっぱいにかぶさってしまった。ああ万事休す。いまにも潜望鏡が折られ、艦橋が圧し潰されて、司令塔もろともにぶっ飛ばされるか。

「潜望鏡おろせ」

「深さ百、いそげ」

しかし、覚悟した衝突の衝撃はなかった。すぐにと思われた爆雷も飛んでこなかった。まったくの幸運である。第一の危機は突破したのだ。やがて深度は急速に深まっていく。

全員身をかたくして、「魚雷が命中しますように」と祈っている。と、一分経過、二分経過、そして二分十秒経ったとき〝ドカーン〟ときた。

さあ大変、艦内ではいままでのコチコチの緊張が一瞬に解けて、感激の拍手がまきおこる。顔が自然に笑ってしまう。どうしようもない〉（『丸エキストラ戦史と旅⑧』潮書房）

これが空母「サラトガ」に対する魚雷攻撃のドキュメンタリーである。この「伊26」潜水艦は、日本海軍きっての武勲艦であった。大東亜戦争開戦の日の昭和16年12月8日、なんとハワイ北方海上に浮上して、アメリカの貨物船「シンシア・オルソン」を艦首の14センチ砲で砲撃して撃沈しているのだ。当時「伊26」の先任下士官であった岡之雄氏はこう綴っている。

〈距離は三千メートルぐらいであろうか。四本のマストに、中央にひょろり長い煙突が一本見える。思ったより小さい船だ。ブリッジの下、船腹に大きくアメリカ国旗が描かれている。いよいよ戦争だと思うと、身体が締めつけられるような緊張をおぼえた。

砲員は、砲術長をはじめ晒木綿の白鉢巻を、目尻がつり上がるほどにきつく締め、勇ましい姿であった。艦長の、「撃ち方はじめ」の号令で、轟音とともに茶色の硝煙が艦橋全体に流れる。艦長より見張員にたいし、飛行機に充分気をつけるよう指令が出ていたが、見渡すかぎり敵船のほかは海と空ばかりで、異常はない。自然と目は弾道を追った。

敵船の向こう側に十四サンチ砲弾の水柱が立つ。本艦は微速で敵船との距離をつめてゆく。敵船は潜水艦の浮上と砲撃で、急停船をしたらしい。マストに船名らしい旗旒が揚がる。そして、あわただしく二隻の救難艇をおろしはじめた〉（『丸別冊　戦勝の日々』潮書房）

その後、「伊26」は2隻の救難艇が離れるのを待って砲撃を行い、同船を撃沈した。ところが、この攻撃は、我が航空部隊による真珠湾奇襲よりも20分も早かったというのだ。戦後、開戦25周年時のアメリカの新聞には、この「伊26」の14センチ砲の砲撃が「パールハーバーの前奏曲」として掲載されていたという。その後、「伊26」は真珠湾攻撃で撃ち漏らした米空母を求めて、アメリカ西海岸まで進出して作戦行動を行っている。さらに、昭和17年8月31日には、ソロモン海域で米空母「サラトガ」に対する先の魚雷攻撃に成功し、同年11月13日には米軽巡洋艦「ジュノー」を雷撃して撃沈した他、太平洋およびインド洋で通商破壊を行って数多くの商船を撃沈したのである。

なんと本艦の撃沈数は、軽巡洋艦「ジュノー」を含めて9隻（約4万9千トン）を数え、他にも「サラトガ」など数多くの敵艦艇を撃破したが、最期は昭和19年（１９４４）10月25日、フィリピンのスリガオ海峡沖で爆雷攻撃を受けて沈没したのだった。

「伊19」潜水艦の大戦果も忘れてはならない。

昭和17年9月15日、これまたソロモン海域で「伊19」潜水艦が米空母「ワスプ」を発見、ただちに6本の魚雷を発射して、内3本が命中し大爆発を生じさせたのだった。その後、「ワスプ」は米軍の手によって海没処分されているが、この「伊19」の魚雷攻撃には続きがある。

空母「ワスプ」を外れた残りの魚雷3本が、なんと10キロ先を航行していた戦艦「ノースカロライナ」と駆逐艦「オブライエン」に次々と命中したのだ。船体に大穴を開けられ戦死者5人を出した「ノースカロライナ」は、修理のために3カ月も戦線を離れ、また「オブライエン」は大破した後にその被害がもとで沈没している。これは神がかり的であり、また長射程を誇る日本海軍の酸素魚雷ならではの大戦果だったといえよう。

「伊19」の機関長だった渋谷郁男大尉はこう振り返る。

〈敵は西北西に進路を変針、敵自らわが餌食となるべく目前にせまってくるではないか。まことに幸運中の幸運である。しかも待ちに待った米正規空母である。敵は日米潜水隊の哨戒区域であることを知っているので、ジグザグ運動をしていたと思われるが、それがかえって敵にわざわいした。木梨艦長はなおも隠忍自重、肉迫をつづけて距離九千メートルに達した。方位角右五十度、絶好の射点を得て、満を持した必殺の魚雷全射線（六本）を発射した。時に一一四五。ズシンという手ごたえがあって、命中音四発を聞いた（敵の発表によれば三本命中という）。やったぞ。なんという爽快さ。今までの苦労が一ぺんにふっとんでしまった。

一同思わず「万歳」を叫ぼうとして声をのんだ。敵に聴知されるかどうかわからないが、とにかく無音潜航である〉（前掲書）

「伊19」はその後も通商破壊活動を行い、次々とアメリカの貨物船を沈め、昭和18年（1943）11月25日にギルバート諸島近海で米駆逐艦「ラドフォード」の爆雷攻撃で撃沈されるまでに、敵艦船4隻（約3万2千トン）を撃沈し、5隻（約6万7千トン）を撃破したのである。

このように日本海軍の潜水艦部隊は、米空母に大きな損害を与え続けていたのである。ちなみに世界戦史上、潜水艦によって米空母を撃沈、あるいは再起不能となるほどの大打撃を与えたのは、日本海軍だけである。

米本土を爆撃していた潜水艦部隊

日本海軍の潜水艦の中で特筆すべきは「伊４００」型潜水艦であろう。

最終的に３隻建造された「伊４００」型潜水艦は、水中での排水量約６５００トン（基準排水量は３３５０トン）、全長が１２２メートルと、世界最大の潜水艦であり、なんと地球を１周半も航行できる並外れた長大な航続距離をもっていた。武装も、艦首に魚雷発射管を８門（通常の潜水艦は４〜６門）も備え、対艦用攻撃火器として14センチ短装砲１門、対空火器として25ミリ３連装機銃３基を備える重武装艦だった。加えて本艦は、特殊攻撃機「晴嵐」を３機も搭載し、敵艦や敵基地を空から攻撃することもできる〝潜水空母〟だったのである。この「晴嵐」は、２５０キロ爆弾を４発も搭載可能（零戦ならば１発）であり、魚雷を積んで雷撃、あるいは対艦攻撃用８００キロ爆弾も搭載することができた。したがって「伊４００」に搭載された３機が１度に攻撃を仕掛ければ、ある程度の航空作戦が可能だった。

ちなみに、現代の最新鋭潜水艦である海上自衛隊の「そうりゅう」型は、全長が84メートル、水中での排水量４２００トンという諸元であり、米海軍の最新鋭原子力潜水艦「ヴァージニア」級が全長１１４メートルで水中での排水量７８００トンであるから、「伊４００」がいかに大きかったかお分かりいただけよう。

実は、この奇想天外な発想で建造された「伊４００」型潜水艦が、現在の核弾道ミサイルを搭載した戦略ミサイル原子力潜水艦や、トマホーク巡航ミサイルなどを搭載する攻撃型原子力潜水艦の始祖となったのだ。戦後、この「伊400」型潜水艦は、アメリカ海軍によって徹底的に調査され、後の潜水艦開発に大きな影響を与えていたのである。

また、世界戦史上唯一の〝アメリカ本土空襲〟が日本海軍の潜水艦によって行われたことはほとんど知られていない。

1942年（昭和17年）9月9日、米本土のオレゴン州沖に進出した「伊25」型潜水艦から発進した藤田信雄兵曹長の操縦する「零式小型水上機」が、同州に爆弾2発を投下して森林を延焼せしめ、9月29日にも再度爆撃を敢行したのである。この快挙に日本中が湧きたち、当時の朝日新聞の紙面には、『米本土に初空襲敢行／オレゴン州に焼夷弾　果敢・水上機で強行爆撃／全米国民に一大衝撃／海上に悠々潜水艦』と見出しが躍った。

戦後、昭和37年（1962）5月、自営業を営む藤田信雄氏のもとに米オレゴン州ブルッキンズ市から「貴殿の勇気と愛国心に敬意を表したい」と招待状が送られてきた。藤田氏は、その武勇がアメリカ国民に称賛され、大歓迎を受けたのである。その後、藤田氏は2度ブルッキンズ市を訪問して図書館に寄付を行い、自分の爆撃で喪失したレッドウッドの苗木を植樹した。そして平成9年（1997）、元海軍兵曹長・藤田信雄氏にはブルッキンズ市から「名誉市民賞」が贈られたのである。現在もブルッキンズ市図書館には「フジタコーナー」があり、そこには藤田氏が寄贈した日本刀や名誉市民賞、さらには零式小型水上機に同乗していた奥田省三兵曹（後に戦死）の勲章などが展示されている。また藤田兵曹長が爆撃したブルッキンズ市の山中には、「日本軍による爆弾投下地点」という標識もあるというから驚きだ（名越二荒之助編『昭和の戦争記念館　第3巻　大東亜戦争の秘話』展転社）。

たとえ敵兵であっても、至純の愛国心と忠誠心をもって戦った戦士達は、〝英雄〟となり、その武勇は讃えられて尊敬を集めているのである。

最後に、大東亜戦開戦劈頭の真珠湾攻撃で、真珠湾内に深く侵入した2人乗りの「特殊潜航艇」5隻が、我が空母艦載機による奇襲に呼応して敵戦艦に対する魚雷攻撃を行っていたことも忘れてはならない。以後、潜水艦は前出のように重要な場面で敵艦を撃沈・撃破し、あるいは通商破壊を行った。そしてアメリカ本土をも爆撃してみせた。加えて同盟国ドイツから、高性能兵器などに関する情報を隠密裏に運んだ。大戦末期には、人間魚雷「回転」による攻撃が行われ、また水中特攻を目的とした特殊潜航艇「海龍」なども製造されている。

大東亜戦争において日本軍が沈めた最後の米軍艦艇は、3発目の原子爆弾を輸送中だったといわれる重巡洋艦「インディアナポリス」であるが、これは「伊58」潜水艦の魚雷攻撃によるものだった。栄光の帝国海軍の有終の美を飾ったのは、潜水艦だったのである。

その帝国海軍の末裔である海上自衛隊は、通常型潜水艦戦力では世界最強を誇っており、その保有する最新鋭ハイテク潜水艦「そうりゅう」型は、各国海軍の羨望の眼差しを集めている。

鬼神をも哭かしめた「硫黄島の戦い」

昭和20年（1945）2月、米軍は日本本土侵攻の前哨戦となる硫黄島に上陸を開始した。だが、そこで彼らを待ち受けていたのは、栗林忠道中将率いる日本軍守備隊の空前の猛反撃だった。同地で米軍は、日本軍のそれを上回る大損害を被ったのである。

日本軍は地下要塞に籠り米軍に徹底抗戦した

市丸利之助海軍少将

智将・栗林忠道陸軍中将

強固な地下陣地を構築し米軍を返り討ちに

昭和20年（1945）2月、ついに米軍は日本本土の玄関口にあたる硫黄島に来襲し、対日戦の総仕上げにとりかかった。だが連戦連勝の米海兵隊員を待ち受けていたのは、彼らの予想をはるかに超える日本軍守備隊の猛烈な反撃と頑強な抵抗であった。

硫黄島は〝米兵の墓場〟と化したのである。

2月19日から3月26日までのおよそ1カ月余の戦闘で米軍は戦死傷者2万8686名を出し、その数は日本軍の戦死傷者2万933名を大きく上回ったのだった。日本軍守備隊は、あらかじめ島中に張り巡らせた地下壕陣地と隠蔽壕陣地による巧みな戦術で米上陸部隊を迎え撃ったのである。

硫黄島を守る日本軍守備隊の総兵力は、陸軍の栗林忠道中将を兵団長とする小笠原兵団の約2万1千人。栗林中将自らが師団長を務める第109師団には、池田益雄大佐率いる歩兵第145連隊、千田貞季少将の混成第2旅団、そして1932年のロサンゼルスオリンピックの馬術金メダリストの西竹一中佐が率いる戦車第26連隊（97式中戦車改および95式軽戦車23両）など、約1万3600人の精鋭が集められていた。さらに、市丸利之助少将率いる海軍第27航空戦隊および井上左馬二大佐の硫黄島警備隊など、小笠原兵団の直轄部隊として約7400人の海軍部隊があった

一方、硫黄島に押し寄せた米軍の総兵力は、米海軍リッチモンド・ターナー中将率いる11万人の大軍団であった。第51、53、54、56、58任務部隊には、艦砲射撃を担任する戦艦6隻、巡洋艦5隻、駆逐艦16隻をはじめ護衛空母12隻、駆逐艦22隻の他、多数の揚陸艦などを擁していた。そしてこれら大艦隊に守られた上陸部隊は、ハリー・シュミット少将の海兵隊総兵力6万1千人からなる第5水陸両用軍団で、第3海兵師団（グレーブス・アースキン少将）、第4海兵師団（クリフトン・ケーツ少将）、そして第5海兵師団（ケラー・ロッキー少将）の3個海兵師団で編成されていた。これらの海兵師団は、それぞれ2〜3個海兵連隊と1個砲兵連隊に加え1個戦車大隊を擁しており、この3個海兵師団だけでも、日本軍守備隊の3倍の戦力を持っていた。上陸させた野砲は合わせて168門、M4戦車は150両を数えた。

日米両軍の戦力の差はあまりにも大きく、当初、その戦いの趨勢は誰の目にも明らかだった。

だが、栗林忠道中将はずば抜けた戦略眼を持つ智将であった。

栗林中将は、硫黄島そのものを要塞化することで圧倒的物量を誇る米軍を迎え撃ち、その

■「硫黄島の戦い」概要図

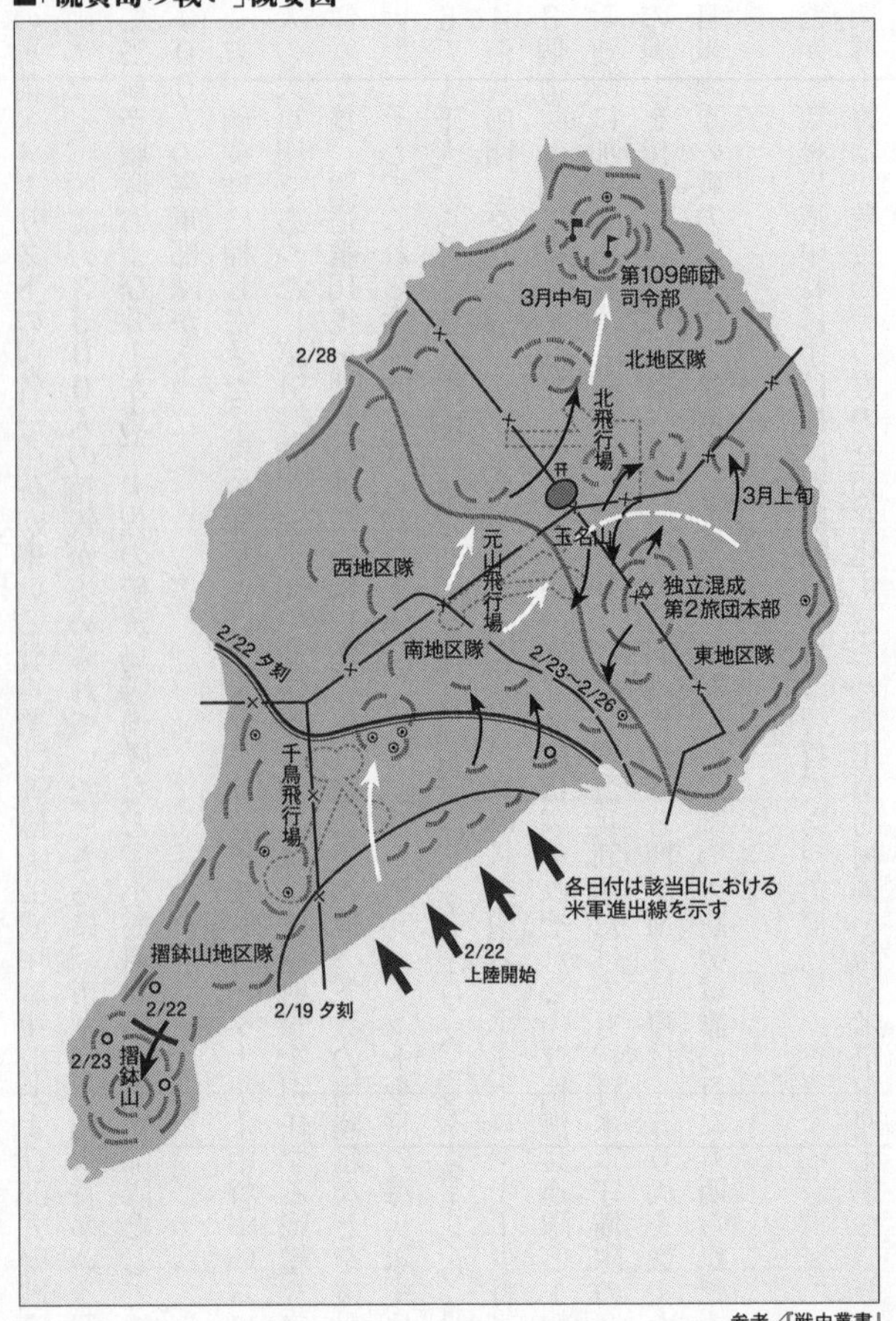

参考／『戦史叢書』

絶望的な戦力差を縮めようとしたのである。東京から南に約１２００キロに位置する硫黄島は、面積わずか22平方キロ、南部に標高１６９メートルの摺鉢山（すりばちやま）があるものの、あとは比較的平坦で守りにくい地形だった。そこで栗林中将は、米軍の猛烈な艦砲射撃と空襲に耐え得る堅固な地下陣地の構築を命じた。その目的は持久戦によって敵に多くの出血を強要し、できるだけ長くこの島に敵を釘付けにして本土への侵攻を遅らせることであった。

縦横に張り巡らせた地下陣地の全長は実に18キロ（当初目標は28キロ）に及んだ。地下10〜15メートル、随所に設けられた複郭陣地には兵員の棲息壕や糧食の備蓄壕もあり、また機関銃座や砲座が連携できるよう綿密に計算されて配置されていた。

この地下陣地は小笠原兵団の陸海軍将兵によって構築されたが、その作業は想像を絶する過酷な環境下で行われた。摂氏50度の地熱で履いている地下足袋の底のゴムが溶け、またあちこちで噴出する硫黄ガスにも襲われた。まるでサウナのような現場では、防毒マスクを装着した兵士達の作業は1人5分が限度で、作業員は5分ごとに交代が必要だったという。しかも補給された水は1人あたり1日水筒1個というから過酷なことこのうえない。こうした筆紙に尽くしがたい苦労の末に完成した地下陣地は、その期待にこたえて艦砲射撃や空爆によく耐えた。

米軍は上陸3日前から猛烈な艦砲射撃を行い、ありったけの艦砲弾を小さな硫黄島に叩き込んだ。さらに上陸当日の2月19日には１２０機ものB29による大空襲と、島容を一変させるほどの艦砲射撃を行った。だが、その被害は軽微であった。

入念な艦砲射撃と爆撃を終えたあと、午前9時頃に米4海兵師団および第5師団の2個師団が上陸を開始した。上陸時に日本軍の攻撃はほとんど見られなかったが、米軍が上陸して内陸部に前進を始めるや、複郭陣地に潜んで待ち構えていた日本軍守備隊の大小火器が一斉に火を噴き、米上陸部隊を次々と撃ち倒していった。上陸初日、海兵隊と同時に上陸させた米軍の戦車56両の約半数が日本軍守備隊の猛烈な抵抗によって撃破され、戦死者および戦傷死者は合わせて５４８名、負傷者は１７５５名に達し、米軍は壊滅的な損害を受けたのである。

硫黄島の日本軍守備隊の特徴は、他に類例をみないほど多くの野砲や榴弾砲、迫撃砲などが配備されていたことであり、陸海軍の大砲の総数は実に１９１門を数えた。さらに、硫黄島の地形に合わせて迫撃砲やロケット弾などが大量投入され、敵戦車の侵入が予想される場所には対戦車火器として90門の47ミリ速射砲を配置して米軍を待ち構えていたのである。

なかでも米軍兵士を恐怖のどん底に陥れたのが、破壊力の大きな98式臼砲や4式20センチ噴進砲（ロケット砲）であった。98式臼砲弾の重量は３００キロもあり、これは航空機から投下される２５０キロ爆弾に匹敵する威力があった。そんな巨弾が近距離から飛んでくるのだから米兵もたまったものではない。加えてこれらの兵器はたいへん大きな音を発して飛翔したため、米兵に言い知れぬ恐怖感を与えたという。

こうした日本軍守備隊の攻撃は見事に連携していたが、その攻撃パターンは次の通りである。

〈海兵師団が主陣地に対して進撃を始めると、玉名山地下司令部に陣取った旅団砲兵団は、地下通路の有線電話等を通じて、各部隊に榴弾砲やロケット砲（噴進砲）による弾幕射撃を命じた。海兵隊の歩兵部隊は、シャーマン戦車と共に前進していたのだが、辺り構わず飛び散る無数の破片を避けるため、散り散りとなって身を伏せ、岩影や弾痕に退散。釘付けである。

しかしそれだけでは済まなかった。今度は真上から迫撃砲弾が容赦なく曲射弾道を描いて落下し、歩兵を吹き飛ばすようになり、動かなくても損害がジリジリ増していったのである。また戦車隊が歩兵の掩護を待たずに単独で突き進むと、前線の隠蔽陣地に伏せていた速射砲が集中射撃を浴びせてくるのである〉（河津幸英著『アメリカ海兵隊の太平洋上陸作戦（下）』アリアドネ企画）

前掲書によると、大口径の臼砲やロケット弾は主陣地帯背後の隠蔽砲陣地に集められ、M4シャーマンの側面を撃ち抜くことができる47ミリ速射砲は、敵戦車の側面を撃てるように隠蔽された陣地に配置されていたという。さらに、西中佐の戦車第26連隊所属の23両の戦車（装甲が薄く米軍戦車とはまともに戦車戦を戦えない）は、車体を地中に埋めて砲塔だけ出して砲台のようにして敵を迎え撃ったというから驚きだ。

なかでも米軍から〝ミート・グラインダー〟（人肉粉砕機）と呼ばれ恐れられたのが南地区の382高地の複合要塞だった。ここでは、海軍の25ミリ連装高射機銃12基、88式7センチ野戦高射砲3門、47ミリ速射砲4門、75ミリ野砲3門、97式中戦車改2両、97式中戦車（57ミリ砲）1両、95式軽戦車1両、そして多数の迫撃砲など様々な火砲が巧みに配置され、寄せ来る米兵を次々となぎ倒し、滅多打ちにしたのである。

このように地下壕陣地と連携した銃砲座が最後まで米軍を苦しめ続け、当初、硫黄島を5日で攻略してみせると豪語した米軍を36日間もこの島に釘付けにし、そして戦死傷者2万8686名という未曾有の犠牲を強いたのだった。「敵により多くの出血を強いて、できるだけ長く敵を釘付けにする」という栗林中将の目論見は見事に成功したのである。

ノルマンディーを上回った米軍の死傷者数

熾烈な陸上戦闘が開始されて間もなく、孤軍奮闘する硫黄島守備隊を支援すべく日本海軍航空隊は硫黄島近海に遊弋（ゆうよく）する米艦隊に決死の航空特攻を仕掛けた。

米軍の硫黄島上陸から3日目の2月21日、艦上爆撃機「彗星」12機、艦上攻撃機「天山」8機、直掩の零式艦上戦闘機12機から成る神風特別攻撃隊「第2御盾隊」が香取基地（千葉）から出撃し、硫黄島を取り囲む米大艦隊に肉弾攻撃を行ったのである。

特攻機の体当たり攻撃を受けた護衛空母「ビスマルク・シー」は大爆発を起こして沈没、

正規空母「サラトガ」には特攻機4機が体当たりした上に爆弾2発が命中して戦死傷者315人（戦死者123人、負傷者192人）の被害を出す大損害を被った。そのほか、護衛空母「ルンガ・ポイント」と貨物船「ケーカック」が損傷するなど第2御盾隊は敵空母を撃沈破する大戦果をあげた。この第2御盾隊の肉弾攻撃は、硫黄島守備隊の将兵からも見えたという。敵空母に壮烈な体当たりを行う友軍機の勇姿とその戦果を報せる大きな火柱を見て、彼らはどんなに頼もしく感じたことだろう。恐らくその多くは感涙に咽び、連合艦隊の来援を信じて闘志を湧き立たせたに違いない。

硫黄島守備隊の猛烈な火力を目の当たりにした米軍は、坑道に籠って戦う日本軍守備隊に対し、火炎放射器や黄燐弾による攻撃や、坑道にガソリンを流し込んで焼き払うという残虐な手段によって、一つずつ地下壕陣地を潰していく戦術をとり始めた。その戦闘の様子は、市丸利之助少将が大本営に打電した次の一文に端的に表れている。

「本戦闘の特色は、敵は地上にありて、友軍は地下にあり」

迎えた2月23日、第5海兵師団の海兵隊員は摺鉢山の頂上部を制圧して星条旗を掲げることに成功する（後日、さらに大きな星条旗が用意され、最初に掲げた旗と取り換えて掲揚された）。報道カメラマン・ジョー・ローゼンタールが撮影した、米海兵隊員が摺鉢山の頂上に星条旗を立てるシーンの写真はあまりにも有名だ。この写真は以後、米海兵隊の象徴となり、ワシントンＤＣにもその巨大なモニュメント「合衆国海兵隊戦争記念碑」（通称「イオウジマ・メモリアル」）が建立されているだけでなく、摺鉢山に星条旗が掲げられた日が「海兵隊記念日」となった。この硫黄島の激戦は、米海兵隊にとって最も思い出深い攻防戦だったのである。

摺鉢山を占領されても、日本軍守備隊の抵抗は終わらなかった。怨敵必滅の信念に燃えた日本軍守備隊はその後1カ月間も頑強に戦い続け、米海兵隊に予想をはるかに超える未曽有の損害を与えたが、水枯れ弾尽きた3月16日、栗林中将は大本営へ決別電報を送った。

「戦局最後ノ関頭ニ直面セリ　敵来攻以来麾下将兵ノ敢闘ハ真ニ鬼神ヲ哭シムルモノアリ特ニ想像ヲ越エタル量的優勢ヲ以テス　陸海空ヨリノ攻撃ニ対シ宛然徒手空拳ヲ以テ克ク健闘ヲ続ケタルハ　小職自ラ聊カ悦ビトスル所ナリ　然レドモ　飽クナキ敵ノ猛攻ニ相次デ斃レ為ニ御期待ニ反シ　此ノ要地ヲ敵手ニ委ヌル外ナキニ至リシハ　小職ノ誠ニ恐懼ニ堪ヘザル所ニシテ幾重ニモ御詫申上グ　今ヤ弾丸尽キ水涸レ　全員反撃シ最後ノ敢闘ヲ行ハントスルニ方リ　熟々皇恩ヲ思ヒ粉骨砕身モ亦悔イズ　特ニ本島ヲ奪還セザル限リ皇土永遠ニ安カラザルニ思ヒ至リ　縦ヒ魂魄トナルモ誓ツテ皇軍ノ捲土重来ノ魁タランコトヲ期ス　茲ニ最後ノ関頭ニ立チ重ネテ衷情ヲ披瀝スルト共ニ　只管皇国ノ必勝ト安泰トヲ祈念シツツ　永ヘニ御別レ申シ上グ　尚父島母島等ニ就テハ　同地麾下将兵如何ナル敵ノ攻撃ヲモ断固破摧シ得ルヲ確信スルモ何卒宜シク申上グ　終リニ左記駄作御笑覧ニ供ス　何卒玉斧ヲ乞フ」

国の為重き努を果し得で 矢弾尽き果て散るぞ悲しき
仇討たで野辺には朽ちじ吾は又 七度生れて矛を執らむぞ
醜草の島に蔓る其の時の 皇国の行手一途に思ふ

この決別電文が送られた翌日の3月17日、栗林中将は陸軍大将へと昇進。と同時に栗林大将は、最後の総攻撃の命令を下した。

一、戦局ハ最後ノ関頭ニ直面セリ
二、兵団ハ本十七日夜、総攻撃ヲ決行シ敵ヲ撃摧セントス
三、各部隊ハ本夜正子ヲ期シ各方面ノ敵ヲ攻撃、最後ノ一兵トナルモ飽ク迄決死敢闘スベシ 大君（不明）テ顧ミルヲ許サズ
四、予ハ常ニ諸子ノ先頭ニ在リ

そして迎えた3月26日、ついに総攻撃が行われ、栗林大将以下約400人は敵陣地に夜襲を仕掛け敵に大損害を与えて散華したのである。

日本軍守備隊は強かった。このことは、前掲書『アメリカ海兵隊の太平洋上陸作戦』に克明に記述されているので紹介したい。

〈米海兵隊は、三六日間の作戦において、日本軍守備隊の損害（二万〇一二九人）を上回る

合計二万三五七三人（米軍全体の損害は二万八六八六人）の大損害を受けた（注：数字データは資料によって異なり一致しない）。周知のようにこれは戦史上、稀有な例であろう。（中略）

陸前艦砲射撃を、一〇日間の海兵隊要求にもかかわらず三日間に減らしたこと、スミス将軍がシュミット将軍や師団長の要求を拒否し、精鋭第3連隊（予備兵力）を投入しなかったこと。栗林将軍の卓越した戦闘指導と日本軍守備隊の堅固な地下要塞などだ。海兵隊公刊戦史は、イオー・ジマ作戦において、全てのアドヴァンテージは、日本軍側にあったと記述している。常に日本側の戦史は、米軍の圧倒的な物量を敗北の理由にするが、具体的な戦闘を精細かに分析すると、むしろ逆の状況が浮かび上がってくる。

例えば南地区第二線陣地などは、最前線の物資（火力）は常識に反して日本軍守備隊の方が上回っている。海兵隊歩兵の火力は、銃と火炎放射器くらいだが、日本軍守備隊の火力は地下陣地に隠された重火器と背後の野砲・大口径迫撃砲なのである。また荒れた岩・谷地形は、守る日本軍に圧倒的に有利であった。強力なトーチカ破壊力を有するシャーマン戦車の接近を阻止し、圧倒的な艦砲射撃と砲兵の準備砲撃を無力化するからだ。

少なくとも栗林兵団の『縦深立体防御システム』が、海兵隊の大出血を強要した最大の原因であるのは間違いない。そしてこの防御システムこそが、海兵隊戦史が言うところの全てのアドヴァンテージの最大限の活用に他ならないのである〉

日本軍かく戦へり――。硫黄島の戦いにおける米軍の戦死傷者数は、なんとノルマンディー上陸作戦における死傷者数を上回ったのだった。栗林大将をはじめ日本軍人のずば抜けた敢闘精神とその勇猛な戦いぶりは、世界軍事史上他に類例をみず、それゆえに今も、米軍はもとより世界各国の軍隊から畏敬の念をもって高く評価されているのだ。

市丸利之助海軍少将が綴った『ルーズベルトニ与フル書』

そしてもうひとつ、この硫黄島の戦いを語る上で忘れてはならないのが、海軍部隊を率いた先の市丸利之助少将の「遺書」である。それは『ルーズベルトニ与フル書』と題する米ルーズベルト大統領に宛てられた書簡であった。

「日本海軍、市丸海軍少将、書ヲ『フランクリン ルーズベルト』君ニ致ス」の書き出しで始まるこの文書は、当時の大東亜戦争における日本の立場、考えが明瞭に記されており、理性をもって敵の大将であるルーズベルト大統領にこれを訴えているものだ。

以下に現代語訳を紹介したい。

日本海軍市丸少将が「フランクリン・ルーズベルト」君に書を宛てる。

私は今、我が戦いを終えるにあたり一言、貴方に告げることがある。

日本国がペリー提督の下田入港を機とし、広く世界と国交を結ぶようになったときより約100年の間、国の歩みは困難を極め、自ら欲しないにもかかわらず日清戦争、日露戦争、第1次欧州大戦（第1次世界大戦）、満州事変、支那事変を経て、不幸にも貴国と交戦することになった。そして貴方は我々を、あるいは好戦的国民であるとし、あるいは黄禍論を用い貶め、あるいは軍閥の独断専行を指摘する。

これは考え違いも甚だしいと言わざるを得ない。貴方は真珠湾攻撃の不意打ちを対日戦争（大東亜戦争）唯一の宣伝資料とするが、そもそもにおいて日本国が自滅を免れるためこの行動に出るほかないという窮地にまで追い詰めたような諸種の情勢というのは、貴方の最も熟知するものであると思う。

畏れ多くも日本天皇は皇祖皇宗建国の大詔に明らかなように、養成（正義）、重暉（明智）、積慶（仁慈）を三鋼（秩序）とする八紘一宇（天下を一つの屋根の下に）の文字によって表される皇謨に基づき、地球上のあらゆる人間はその分に従い、その郷土においてその生を生まれながらに持たせ、それによって恒久的平和の確立を唯一の念願になさったのに他ならない。

これは「四方の海皆はらからと思ふ世になど波風の立ちさわぐらむ」（人は皆家族であるのに、なにゆえ争わねばならないのか）という明治天皇の御製は貴方の叔父セオドア・ルーズベルト閣下が感嘆したものであるがゆえに、貴方もよく熟知しているのは事実であろう。

私たち日本人はそれぞれ階級を持ち、また各種の職業に従事するけれども、結局はその職を通じ皇謨、つまりは天業（天皇の事業）を翼賛（補佐）しようとするのにほかならない。

我ら軍人は交戦を以て天業を広めることを承るにほかならない。

我らは今、物量に頼ったあなた方の空軍の爆撃、艦隊の射撃の下、外形的に後ろへ退くもやむなきに至っているが、精神的にはついに豊かになり、心地ますます明朗になり、歓喜を抑えることができなくもある。

この天業翼賛の信念が燃えるのは、日本国民共通の心理であるが、貴方やチャーチル君は理解に苦しむところであろう。

今、ここに貴方達の精神的貧弱さを憐れみ、以下の一言を以て少しでも悔いることがあれば良いと思う。

貴方達のなすことを見れば、白人、とくにアングロサクソンが世界の利益を独占しようとして、有色人種をその野望実現のための奴隷として扱おうということに他ならない。

この為に邪な政策をとり有色人種を欺き、所謂悪意の善政を行うことで彼らを喪心無力化しようとしている。

近世に至り日本国が貴方達の野望に抗し有色人種、特に東洋民族を貴方達の束縛より解放しようと試みたところ、貴方達は少しも日本の真意を理解しようと努めることなくただ貴方達に有害な存在となし、かつて友邦とみなしていたにもかかわらず仇敵野蛮人であるとし、公然として日本人種の絶滅を叫ぶに至った。これは決して神意にかなうものではないだろう。

大東亜戦争によって所謂大東亜共栄圏が成立し、所在する各民族はわれらの善政を謳歌しているから、貴方達がこれを破壊することが無ければ、全世界にわたる恒久的平和の招来は決して遠くは無いだろう。貴方達はすでに成した。十分な繁栄にも満足することはなく数百年来にわたるあなた方の搾取から免れようとするこれらの憐れむべき人類の希望の芽をどうして若葉のうちに摘み取ろうとするのか。

ただ東洋のものを東洋に返すに過ぎないではないか。

あなた方はどうしてこのように貪欲で狭量なのか。

大東亜共栄圏の存在は少しも貴方達の存在を脅威するものではない。むしろ世界平和の一翼として世界人類の安寧幸福を保障するものであって、日本天皇の真意はまったくこれに他ならない。このことを理解する雅量（器）があることを希望してやまないものである。

翻って欧州の事情を観察すると、また相互無理解に基づく人類闘争がいかに悲惨であるかを痛感し嘆かざるをえない。今ヒトラー総統の行動の是非を云々するのは慎むが、彼の第2次世界大戦開戦の原因が第1次世界大戦の終結の際、その開戦責任の一切を敗戦国ドイツに押し付け、その正当な存在を極度に圧迫しようとした貴方達の処置に対する反発に他ならないということは看過できない。

貴方達の善戦によって力を尽くしてヒトラー総統を倒すことができたとして、どうやってスターリン率いるソヴィエトと協調するのか。世界を強者が独専しようとすれば永久に闘争を繰り返し、ついに世界人類に安寧幸福の日はないだろう。

あなた方は今世界制覇の野望が一応、まさに実現しようとしている。あなた方は得意げに思っているに違いない。しかし貴方達の先輩ウィルソン大統領はその得意の絶頂において失脚した。

願わくば私の言外の意を汲んでその轍を踏まないで欲しい。

市丸海軍少将

日本軍は強いだけではなかった。当時の無慈悲な国際情勢を冷静に把握した上で、白人支配の世界秩序に挑んでいったのである。大東亜戦争は侵略戦争ではなかったのだ。望むはただ一つ、世界平和であった。

果たしてこの手紙を目にした米政府はどのような気持ちで読んだのだろうか。

この手紙は、現在もアナポリス博物館に保管されている――。

超エリート部隊「第343航空隊」の奮闘

終戦の8カ月前、海軍航空畑を牽引した源田実大佐の発案で、「本土周辺での制空権の確保と本土防空」を企図して創設された第343航空隊。各地から生き残りの腕利きパイロットを集めたため、部隊は精強を極めた。彼らは加速度的に悪化する戦況の中で大戦果をあげ、日本海軍航空隊の意気地を大いに示し、終戦まで敵を圧倒し続けた。

第343航空隊の主力機となった傑作戦闘機「紫電改」

第343航空隊の拠点である松山基地で（左は源田司令、右は志賀飛行長

傑作戦闘機「紫電改」

大東亜戦争末期の昭和20年（1945）、本土防空戦で米軍の心胆を寒からしめる大戦果をあげていた〝最精強の航空部隊〟第343海軍航空隊の活躍を、果たしてどれほど多くの日本人が知っているだろうか。

当時、南方の島々では日本軍守備隊の玉砕が相次ぎ、かつて栄光を誇った連合艦隊もフィリピンで事実上壊滅して、もはや航空特攻による肉弾攻撃だけが優勢なる米軍に一矢を報いる有効な反撃手段となっていた。そんな敗色濃厚の昭和19年12月、航空参謀として真珠湾攻撃を成功させた**源田実大佐**（戦後、航空自衛隊第3代航空幕僚長、参議院議員を歴任）が、本土防空戦の切り札として、各地で活躍する凄腕のエース・パイロット（撃墜王）たちをかき集めた〝超精鋭部隊〟の創設に踏み切った。源田大佐は戦後、このエリート部隊創設について次のように回想している。

〈なぜ、戦争に勝てないのか——十九年の後期にいたって、私はつくづく反省してみた。

究極的にでてくる答えは、制空権の喪失ということであった。これらをさらに結論づけると、戦闘機が負けるから戦争に負ける、ということになる。したがってなによりもまず、敵の戦闘機をせん滅しなければならないと考えた。（中略）

想うに開戦いらい、向かうところ敵なく、太平洋からインド洋まで縦横に活躍した海軍戦闘機隊も、交代のない稼働の連続により、熟達した歴戦のパイロットの多くを失い、零戦もまた、かつての威力を失いつつあった。そのため十九年中期以降は、空中における彼我の形勢はまったく逆転してしまっていたのである。海軍戦闘機隊の出身者でもある私にとって、このような戦闘機隊の劣勢化は、二重に心の痛むことであった。

さて、こうした状況下にあって、私はなんとしかして精強無比な戦闘機隊をつくりあげ、徹底的に相手をたたくことによって、制空権の奪回をはかり、その怒涛のような敵の進撃をくいとめなければならない、と考えるようになった。

私の考えは、さいわい軍令部に受けいれられることになった。そして、その指揮官役を私みずから買って出たのである。これが、松山に基地をおき、紫電改で身をかためた三四三航空隊発足のそもそものはじまりである〉（潮書房『丸』エキストラ版）

第３４３海軍航空隊　その名も「剣部隊」。源田実大佐自らが司令を務め、飛行長には、真珠湾攻撃・ミッドウェー海戦を経験してきた歴戦の勇士・**志賀淑雄（よしお）少佐**、そして隷下部隊には、ラバウルおよびフィリピンの激戦で大活躍した名指揮官・**鴛淵（おしぶち）孝大尉**を隊長とする第

701飛行隊、同じくラバウルの勇士・**林喜重**（よししげ）**大尉**率いる第407飛行隊、さらに、南方戦線では機体に黄色い帯を描いていたことから〝イエローファイター〟と恐れられた撃墜王・**菅野直**（かんのなおし）**大尉**（最終の個人・共同撃墜72機）が率いる第301飛行隊の3個戦闘飛行隊（計48機）が置かれた。

そしてなにより、この第343航空隊には、120機撃墜のスコアを持つ〝スーパー・エース〟**杉田庄一上飛曹**（戦死後・少尉）をはじめ、〝空の宮本武蔵〟と呼ばれた**武藤金義少尉**、ラバウル航空隊で大活躍したエースの**宮崎勇少尉**や**本田稔兵曹**、支那事変から戦い続けた**松場秋夫中尉**や**坂井三郎中尉**など、日本海軍の凄腕の撃墜王がずらりと顔を並べる、今で言う〝オールスター・チーム〟といった陣容であった。

ずば抜けた空戦技量で敵機を次々と撃ち墜としていったエース・パイロットの一人、本田稔氏（407飛行隊）は、私のインタヴューにこう話してくれた。

「よくこれだけ集めたなという気持ちでしたね。なんと343空には、ラバウルで一緒に戦った宮崎さんや松場さんという腕のいい歴戦のパイロットがおられて、懐かしかったというかなんというか……。とにかく、『よし、これならラバウル時代のようにもう一度、敵に一泡ふかしてやれるぞ！ 敵を叩けるぞ！』という、言い知れぬ闘志が湧いてきたことを覚えています」

もちろん、日本軍の歴史の中でこのような部隊編成を行った例は後にも先にもない。さらに珍しいのは、第343航空隊を「剣部隊」と称し、隷下の第701飛行隊は「維新隊」、第407飛行隊は「天誅隊」、そして第301飛行隊には「新撰組」なる勇ましい名称がつけられていたことだ。〝空の新撰組〟というわけである。

加えて、3個の戦闘飛行隊の他に、パイロット育成を担任する練成飛行隊として浅川正明大尉の第401飛行隊〝極天隊〟、および、偵察を担任する橋本敏男大尉（戦後、航空自衛隊・空将補）の偵察第4飛行隊〝奇兵隊〟があった。この偵察飛行隊は、当時最新鋭だった艦上偵察機「彩雲」で編成されていたが、おそらくこれは源田大佐自らが体験したミッドウェー海戦の教訓であろう。

編成当初の343航空隊は「紫電」で編成されていたが、最新鋭戦闘機「紫電改」（正式名称「紫電21型）の配備を今か今かと待ちながら、来るべき決戦の日に備えて厳しい訓練に明け暮れた。だがその訓練は、これまでの日本軍伝統の単機による格闘戦ではなく、米軍やドイツ軍と同じ「2機編隊」によるものだった。この思い切った戦術転換は伝統墨守を旨とする帝国海軍にとって画期的だったが、と同時に、米軍にとっても衝撃的だったようだ。後の3月19日の戦闘で、343航空隊と激突した空母「ベニントン」の艦載機パイロットであるモブリー少佐は、戦闘報告書で次のように記している。

〈日本軍戦闘機の戦技は標準的なアメリカ軍の戦技ときわめてよく似ていた。敵機は四機あるいは二機ごとに組んで攻撃してきた。攻撃はすべて連携がよくとれていて、ほとんどが二機編隊によるものだった。敵機はわれわれが旋回の外側にいるところを叩いてきた。彼らの射撃と操縦技倆は、我が飛行隊のパイロットがこれまで見た最高の技倆と同程度に優れていた。対戦したパイロットは、明らかに日本軍航空部隊の精鋭であった〉（ヘンリー境田・高木晃治共著『源田の剣』双葉社）

昭和20年2月、相次ぐ故障でパイロットに不評を買っていた「紫電」に代わって、待望の最新鋭戦闘機「紫電改」が343航空隊にやってきた。本田氏は、そのときの心境をこう振り返る。

「もうこれで死ぬことはない……と思いましたね。紫電改は、ほんとうにいい飛行機でした。その名前のとおり紫電の改良型ですが、まったく別の機体でしたね。胴体は紫電より細く、それまでの中翼が低翼になって視界も良くなり、なんといっても操縦性が抜群に向上したんです。それに、機体が大きく変わったことで、これまでの自動空戦フラップはさらに性能が向上して飛行性能も高まりました。これは低速になるとグッと利いてきますからね。紫電改の機体重量は零戦に比べてずっと重いんですが、零戦と変わらんぐらいに舵はよく利くんです。抜群の操縦性でしたね。これまでになかった防弾装置もついていたので被弾しても火が出ませんでしたし、風防の前面ガラスも厚い防弾ガラスでしたから、パイロットを守ることも考えられていたんです」

本田氏が語る「自動空戦フラップ」とは、空戦時にかかる「G」（重力）に対応して自動的にフラップを動かす画期的なシステムであり、この新技術によって戦闘機の運動性能は抜群に向上し、米軍戦闘機を驚かせている。米空母「エセックス」の艦載機の戦闘報告書には次のように綴られている。

〈日本機は、真後ろからの射撃をかわせるようにうまく出来ている。敵機の翼からフラップが飛び出て、Ｆ６Ｆは前にのめった〉（前掲書）

「紫電改」は20ミリ機関砲を４門という重武装であった。当時の実用戦闘機で20ミリ機関砲を４門も搭載していたのは、「紫電」「紫電改」の他は「雷電」だけだった。「紫電改」が搭載していた20ミリ機関砲１門あたりの弾の数は２００発で、したがって１機あたりの搭載弾数は８００発ということになる。一方、米海軍のＦ６Ｆ「ヘルキャット」やＦ４Ｕ「コルセア」などの標準装備は12・7ミリ機銃６挺であり、彼我の武装設計思想には大きな開きがあった。米軍機が搭載していた12・7ミリ機関銃は、１挺あたりの弾数は４００発であるから総搭載弾数は２４００発となった。米軍機は、大量の銃弾を物凄い勢いでばら撒いて攻撃する戦法をとった。

「紫電改」の20ミリ機関砲４門の破壊力は12・7ミリ機銃を大きく上回るが、機関砲弾を命中させるには高い技量と練度を必要とした。だが、歴戦の名パイロットだけを集めた３４３航空隊のような航空隊にはうってつけだったわけである。

戦闘３０１飛行隊で菅野大尉とともに戦ったエース・**笠井智一兵曹**（10機撃墜）はこう語

笠井智一兵曹

る。

「20ミリ機関砲は、初速が遅いので『ド、ド、ド、ド、ド』という具合に発射されるんです。これが4門搭載されていましたが、最初から4門同時に撃つことはありませんでした。まずは2門で撃って、それから必要に応じて4門に切り替えるんです。とにかく20ミリ機関砲の破壊力は抜群で、当たり所によっては3〜4発で敵戦闘機は空中爆発しますし、それでなくても相手に致命的な損傷を与えることができましたから、米艦載機との空戦に勝つ自信はありましたね」

武装だけでなく、「機上無線」が使えるようになったことも大きかった。これまでの日本軍機も機上無線を積んでいたが、性能が悪いためあまり役に立たなかったという。だが、「紫電改」に搭載された無線は味方機同士および地上の指揮所との交信もできるように改善されていたのだ。

しかも「紫電改」の燃料タンクは防弾仕様で、おまけに被弾時に備えて自動消火装置まで装備されていたのだから、当時の日本軍機としてはかなり贅沢な設計の戦闘機であった。「紫電改」は、日本軍機の抱えていた問題点をことごとく解決した傑作機であり、パイロット達は「これなら勝てる！」と誰もが思ったという。本田氏はしみじみと言う。

「『紫電改』ならF４UやF６Fと互角に戦えましたから、あともう半年早く登場していたらよかったのにと思いますよ…」

半年前ならば、米軍のレイテ島上陸の前であり、サイパン、グアム、テニアンといった絶対国防圏が破られ始めたぐらいの時期であるから、少なくともその後の戦い方は変わっていたであろう。また、昭和19年（１９４４）10月25日に開始された「神風特別攻撃隊」も、「紫電改」の登場で見送られたかもしれない。そんな〝歴史のＩＦ〟に思いを巡らせば、なるほど本田氏の「もう半年早ければ」という言葉に大きくうなずける。

初陣で米軍の大編隊を撃破

昭和20年3月19日、敵機動部隊の艦載機が本土に来襲するとの情報が飛び込んできた。

早朝、源田司令は全員にこう訓示した。

「今朝、敵機動部隊の来襲は必至である。わが剣部隊は、この敵機を邀え撃って痛撃を与える考えである。目標は敵の戦闘機隊だ。爆撃機などには目もくれるな。1機でも多くの敵戦闘機を射落すように心掛けよ。古来、これで十分という状態で戦を始めた例は1つもない。

目標は敵戦闘機！」

続いて志賀飛行長が示達した。

〈かねて訓練してきたとおり編隊を離れるな。敵は二十ないしは三十機単位の梯団で波状攻撃をかけてくるものと思われる。我々も燃料の都合でそれらすべてを相手にするわけにもいかぬ。まず第一波は全機撃滅を期せ、『紫電』隊にねらわれたらもう帰れないという印象を与えるような全勢力を集中して徹底的に叩いてしまえ！〉（岡野充俊著『本田稔空戦記』光人社ＮＦ文庫）

高速偵察機「彩雲」から敵情報が入った。

「敵機動部隊見ユ、室戸岬ノ南三〇浬、〇六五〇」

これを受けて戦闘７０１飛行隊16機・戦闘４０７飛行隊17機・戦闘３０１飛行隊21機の合計54機のエンジンが一斉に始動した。続けて索敵中の偵察機「彩雲」から入電。

「敵大編隊、四国南岸北上中！」

源田司令はただちに発進を命じた。

〝サクラ、サクラ、ニイタカヤマノボレ〟

開戦劈頭を大戦果で飾った真珠湾攻撃時に用いられた「ニイタカヤマノボレ」の暗号電文が、再びこの本土防空戦で使われたのである。

迎撃に上がった３４３航空隊は、上空約５千メートルで態勢を整えて敵機を待ち構えた。

「アラワシ、アラワシ、敵発見、攻撃用意！」

無電が飛び込んできた。敵編隊は約1千メートル下方に位置しており、我が方が敵に対して絶対優位のポジションであった。54機の「紫電改」が猛然と敵大編隊に襲いかかり、彼我入り乱れての大乱戦となる。この模様は地上からも観戦でき、基地に残った隊員達はその空戦を固唾をのんで見守ったという。我が方が絶対優勢の戦いだった。本田稔氏はこう回想する。

〈紫電改の二十ミリ機銃四門がいっせいに火を吹く。次の瞬間、私がねらいをつけたグラマンはパッと白い煙を吐いた。と、翼が飛散し空中分解を起こして墜ちていった。「紫電改」の火力のすごさをものがたる見事さであった。同時にもう一機が黒煙を吐いているのが私の視野に入った。列機の誰かが撃ったのであろう。一降下すると敵の編隊は乱れ、やがて彼我入り乱れての乱戦となった。敵味方の曳光弾が激しく飛び交う中を私の区隊はがっちりと編隊を組んだまま二度目の攻撃を加えようと態勢を整えた。

よく見ると小癪にも敵四機編隊が攻撃態勢に入っている。全く同位である。ここは鍛えた腕のみせどころとばかり激突寸前まで接近し、敵の機銃が火を吹くと同時にいっせいに体をかわし、小まわりのきかないグラマンを一旦やり過ごし急反転、わが方の態勢を有利にもち直して敵に追撃をかけた。この時は敵を後上方から襲う形になり、最も優位な姿勢であった。再び「紫電改」四機、十六門の二十ミリ機銃弾が逃げる四機のグラマンを追いかける。やがて後部の二機から黒煙が流れ出し機首を下げて突っ込みはじめた。この第一編隊はどうしても叩きのめさねばならないと執念を燃やしていたので、さらに逃げる二機を執拗に追いかけ、うしろの一機に尾翼から胴体をなめるように銃撃を加えた。これはくるりと横転したかと思うと次の瞬間、錐もみ状態となって墜ちていった。残る一機も誰かが撃ったとみえて派手に煙を出したなと思ったら、パッと黒い塊が落ちて行った。パイロットの落下傘であった〉（前掲書）

壮烈な空中戦である。本田兵曹の2番機を務めたのが**小高登貫**（のりつら）**兵曹**だった。

小高兵曹は、343航空隊に着任当時、すでに敵機撃墜約100機（共同撃墜を含む）、および潜水艦2隻撃沈というスーパー・エースだった。そんな小高兵曹は、この時の戦いの様子をその著書『わが翼いまだ燃えず』（甲陽書房）で次のように綴っている。

〈ダダダダダダダダー。灰色の雲を背にして「紫電改」の翼から射弾が、つーっと伸びていくのがありありと見える。敵にとっては恐るべき火箭の束なのだ。と、見るまにグラマンが一機、二機と墜ちてゆく。まさに紫電一閃、名刀の冴えにもにた鮮やかな攻撃だ。

このとき私たちの小隊はまだ上空にいたが、やっと番がまわってきた。相手にとって不足なしのグラマン四機である。場所もすでに松山南方上空に移っていた。

小隊は、すばやく切り返した。真下のグラマンの青黒い翼には、米軍の星のマークが、くっきりえがかれている。後上方からの攻撃で、高度差は一〇〇〇メートルある。F6Fの一機を照準器に、ぴたりと入れた。距離八〇〇、五〇〇、三〇〇、二〇〇、私は思いきり発射レバーをにぎった。弾丸が吸いこまれるように敵機に命中する。

やったぞ！　思わず叫んだその瞬間、グラマンは白煙をふいて横にねじれながら、松山南東の山中に突っ込んでいった。と、横を見れば区隊長の本田稔少尉も、確実に一機を撃墜したらしい。火をふいて山中に突っこんでいくのが見られた。

私は上昇のまま、つぎのグラマンをさがしもとめた。すると、私の目にめずらしくもあり、またなつかしいF4U「コルセア」の編隊が後続してくるのが望見された。

「よーし、この野郎め！　ほんとうに久し振りだ。これも血祭りだ」と、即座に切り返し、急反転の体勢でやや斜後方からF4Uの一機に食いついた。射程二〇メートルまで接近して機銃を連射したが、敵は私の近寄ったのにまったく気づかなかったらしい。水平飛行のまま、命中と同時に黒煙を吹いた。また一機撃墜だ。上昇しながら次の敵影をさがし求めたが、後方には一機の敵影も見あたらない。どうやら私たちの小隊が攻撃したのは、敵編隊の最後尾だったらしい〉

小高登貫兵曹

では、米軍側はこの戦いをどのように見ていたのだろうか。鴛淵大尉率いる戦闘701飛行隊と対戦した空母「ホーネット」のF6Fヘルキャット戦闘機隊VBF17第2小隊長のワイス大尉は、343航空隊の戦闘を次のように語っている。

〈日本機の編隊に突っ込まれ一撃をかけられると、味方のおよそ半数が撃墜されるか、戦闘不能になっていた。我が機の胴体落下タンクは燃えており、胴体と翼には穴が幾つかあいていた。ぼくはタンクを捨て、火を消すために急降下した〉(『源田の剣』)

空母「ホーネット」のVBF17飛行隊は完膚なきまで叩きのめされ、岩国基地への攻撃を断念せざるを得なかった。同隊の戦闘報告書には「かつて経験したことのない恐るべき反撃を受けた」として、次のように記録されている。

〈この大空中戦に参加した当飛行隊員のなかでも戦闘経験の深いパイロットの意見では、ここで遭遇した日本軍パイロットは、東京方面で出遭ったものより遥かに優れていた。彼らは巧みに飛行機を操り、甚だしく攻撃的であり、良好な組織性と規律と空中戦技を誇示していた。彼らの空戦技法はアメリカ海軍とそっくりだった。この部隊は、戦闘飛行の訓練と経験をよく積んでいると窺えた〉(前掲書)

敵戦闘機隊は、我が「紫電改」部隊に打ちのめされ、どうにか空母にたどり着いても着艦時に大破するなどして海に投棄せざるを得ないものまであったようだ。大損害を被った米軍は精強部隊がまだ日本に残されていたことに驚愕し、新鋭機「紫電改」に細心の注意を払うよう指示を出したという。「紫電改」の強さは米軍パイロットの度肝を抜き、彼らを恐怖のどん底に陥れたのである。

この日の戦闘で、343航空隊は、なんと撃墜57機（グラマンF6Fヘルキャットおよびチャンスボート F4Uコルセア53機／カーチスSB2Cヘルダイバー4機）という大戦果をあげたのである。一方、我が方の損害は、未帰還・自爆13機。日本軍の大勝利だった。偵察機「彩雲」1機が体当たりを敢行して敵戦闘機2機を道連れにした闘魂も忘れてはならない。

飛行長・志賀淑雄少佐は、この3月19日の戦いを『三四三空隊誌』に次のように記している。

〈かくて松山基地見張員が上空に敵編隊を発見し、地上から無線電話で「敵編隊、飛行場南西、高度四〇〇〇」と通報した時は、既に直援隊山田良市大尉も発見しており、上空支援の位置を占め、総指揮官戦闘七〇一隊長鴛淵大尉からは「我既に敵を発見、空戦に入る」と平素と変わらない明るい張りのある声が無線電話で地上に返ってきた。

敵は多い。翼を拡げ列をなして堂々の進撃であった。既に山田直掩隊支援の下、維新隊十六機は整々果敢の編隊攻撃に入り、各機二十粍四挺の弾雨を集中する下で、F6Fが一機また一機と火を噴きながら編隊から脱落して行く様は、正に念願の快挙であった。それはまた、かつて零戦隊が太平洋を制した往時の姿が、今ここに甦るかの如き紫電改初陣の姿でもあり、司令以下粛然と空を注視し、一同暫し無言であった〉

かくして343航空隊は、損害13機と引き換えに、敵機撃墜57機なる大戦果を収めたのであった。この大戦果の報に、本土空襲など蔽いきれない劣勢に意気消沈していた当時の日本国民は歓喜した。そしてこの武勲はたちまち上聞に達し、343航空隊は、連合艦隊司令長官・豊田副武（そえむ）大将から感状が授与されたのである。

昭和二十年三月十九日敵機動部隊艦上機ノ主力ヲ以テ内海西部方面ニ来襲スルヤ松山基地ニ邀撃シ機略ニ富ム戦闘指導ト尖鋭果敢ナル戦闘実施トニ依リ忽ニシテ敵機六十余機ヲ撃墜シ全軍ノ士気ヲ昂揚セルハ其ノ功顕著ナリ仍テ茲ニ感状ヲ授与ス。

昭和二十年三月二十四日　聯合艦隊司令長官　豊田副武

B29も撃墜した343航空隊

昭和20年3月末、米軍は沖縄県慶良間諸島に上陸を敢行、続いて4月1日、ついに沖縄本島に上陸を開始した。これを迎え撃つべく日本軍は、九州南方の航空基地から特攻機を繰り出して敵艦隊に必殺の肉弾攻撃を仕掛けたが、米軍は空母艦載機を差し向けて我が特別攻撃隊の前に立ちはだかった。そこで圧倒的強さを誇った343航空隊は、四国松山から鹿児島の鹿屋基地に前進して特攻機の突撃路の啓開任務を担うことになった。

迎えた4月12日、特攻機の掩護のため菅野直大尉を総指揮官とする総勢42機が出撃、機首を沖縄に向けて翼を連ねた。エンジン不調などで鹿屋に引き返した機体が出たため、最終的に32機で航路啓開の任務を担うことになった。鹿屋基地を離陸して約1時間、奄美大島、喜界島上空で敵機約80機と遭遇して空戦に突入した。

「こちら菅野一番、敵近し、見張ヲ厳にせよ！」

これを聞いて前出の笠井智一兵曹が下方に目をやると、喜界島に立ち上る煙を発見した。喜界島が米軍機の空襲を受けていたのだ。菅野大尉の声が飛び込んできた。

「敵機発見、敵機発見、左下方30度！」

敵機はＦ６Ｆヘルキャット20機とＦ４Ｕコルセア30機であったが、さらに東方からＦ６Ｆヘルキャット30機が加わった。菅野大尉は、松村大尉率いる第2中隊に上空直掩を命じるや、下方の敵機に猛然と襲いかかった。菅野大尉の突撃に合わせて笠井兵曹も敵機めがけて真一文字に急降下を開始した。笠井兵曹はこう振り返る。

〈隊長機は、すでに敵一番機に接近すると一連射を浴びせた。突然、パッと白い煙を吐いたと思ったら、そのまま真っさかさまに落ちてゆく。つづいて二番機も白煙を吐きながら落ちていった〉（『源田の剣』）

笠井兵曹が急降下から機体を引き起こして2撃目に入ろうとしたとき、今度は上空から敵機が襲いかかってきた。

〈クソッ！　負けてたまるか。編隊は絶対に離れてはならない。そのとき、突如として杉田兵曹が切り返して降下してゆく。私も同時に切り返した。そして前方を見ると、グラマンF6Fが照準器にピッタリである。そのとき編隊を組んでいることも忘れ、夢中になって二十ミリ機銃四挺を同時に撃った。二十ミリの小気味よい発射振動がカラダに伝わる。曳航弾がグラマンに吸い込まれていく。ついにやった！　敵機は黒煙を吹いて堕ちてゆく。これでよし、とふとわれにかえって一番機を探す。しかし、その姿はどこにも見えない。シマッタ、私は杉田兵曹からあれほどやかましくいわれ、絶対に禁じられていた深追いをしてしまったのだ〉（前掲書）

笠井兵曹は、逃げてゆく敵機を10連射したというが、ちょうど2、3連射目で、必殺の20ミリ機関砲弾が敵機に命中し、エンジン付近から煙を吹き始めたという。

「敵味方入り乱れての凄い混戦状態でした。追いつ追われつの戦闘となり、私の前をグラマンが右旋回しようとしたので、そいつめがけて後方から5、6連射したら、操縦席に命中したんでしょうな、敵機の搭乗員がのけぞるようにしたのが見えました。そして黒煙を吐いて降下していったんです」

空戦の結果、敵機撃墜F6Fヘルキャット20機（内不確実2機）およびF4Uコルセア3機（内不確実1機）の合計23機（内不確実3機）であった。一方、343航空隊の損害は未帰還10機であった。この喜界島上空での大空戦の3日後の4月15日、敵F6Fヘルキャットが鹿屋基地を襲った。このとき、空襲下にありながら敵機の迎撃に上がった撃墜王・杉田庄一上飛曹（戦死後、2階級特進して少尉）が離陸直後を撃たれて戦死している。

杉田兵曹は、ラバウル航空隊の歴戦の勇士であり、ブーゲンビル上空に散華した連合艦隊司令長官・山本五十六大将乗機の護衛6機のうちの1人であった。その撃墜スコアは、撃墜70機、共同撃墜40機という海軍航空隊のスーパー・エースだったのだ。

343航空隊は、4月の一時期、国分（鹿児島）に移転した後、大村（長崎県）に構えて防空戦を戦った。もうこのときは艦載機だけでなく、343航空隊の敵には強敵「B29爆撃機」もが加わっていた。第407飛行隊の撃墜王・本田稔氏はこう言う。

「どうやってこの大型爆撃機を攻撃すべきか、その戦法についてあれこれと研究しました。そこで我々が編み出したのが、B29の直上から、コクピットめがけて真っ逆さまに撃ちおろしながら敵機の鼻っ先をかすめて下方に抜けてゆく戦法でした。この戦法ですと、4門の20ミリ機関砲が敵機のコクピットに降り注ぎますし、しかもハリネズミのようなB29の対空火器の死角となって、あまり敵の機銃弾が飛んできませんでした。ただこの攻撃は少しでも計算が狂うと、そのまま直上から敵機に激突してしまいますから高い技量が求められる方法でした」

343航空隊は4月の迎撃でB29爆撃機を3機撃墜したのを皮切りに、強力な防御火器を搭載し〝超空の要塞〟と謳われたB29を次々と撃ち墜していったのである。

4月29日、121機ものB29が九州各地を襲ったとき、菅野大尉率いる第301飛行隊が主力となってＢ29の大梯団を迎え撃った。第４０７飛行隊分隊長・市村吾郎大尉は、このときの様子を『三四三空隊誌』に綴っている。

〈この日の天候は、雲量２～３の割合に好天候のもと、十数機の紫電改は敵Ｂ29の邀撃のため、南九州の桜島の北東を南に飛行中、前下方に南下中のＢ29数機の編隊を発見、菅野指揮官機より攻撃開始の無線電話とともに、『疾風、疾風、上空支援に残れ』と、戦闘四〇七に指示があり、ただちに落下増槽を投下、味方編隊の上空をバリカン運動で支援を開始した。（筆者注＝この時の指揮官の判断は、敵小型機がＢ29の直掩に同行していると思っていたのかも知れない）

これと同時に菅野機を先頭に、Ｂ29編隊の直上方から矢のような突撃に入るのが確認されたが、つぎの瞬間Ｂ29の一機がまるで高速度撮影のフィルムをスローで見るように右のエルロンの内側のヒンジ一つがはずれて飛び散り、同時にあの大きなＢ29がゆるやかに大きなきりもみ状態で落下してゆくではないか。本当に二十粍機銃の一撃がこれほど威力のあるものかと痛感したことはない〉

このとき「紫電改」は、新兵器「対Ｂ29用ロケット弾」でも撃墜している。市村大尉は続ける。

〈大村基地を発進していくばくもなく、北九州福岡の東方でＢ29の大編隊を発見。この中の一つの梯団に対して同時徹底攻撃をするように無線指示があり、戦闘七〇一はＢ29の編隊に対して同高度反航ロケット攻撃のため全速で敵編隊の前方に急行、戦闘三〇一、四〇七は直上方攻撃のため戦闘七〇一に続いて全速上昇し、敵編隊の右上方数百米にて同行。敵編隊に支援戦闘機のいないことを確認する。

やがて総指揮官機が数千米前方で反転、全機突撃の指示があり、隊形上しんがりを飛行していた我が隊が、B29に対して最初に直上方攻撃をするようになった。先ずまっ先に眼に入ったのはB29編隊の前方に炸裂したロケット弾の真白い爆煙、同時にかすかにみだれる敵編隊の隊形、この時、私を含む数機は一撃を終り、敵編隊の真下にあって紺碧の大空に輝く銀色の四発大型機を見れば、我が隊の攻撃が功を奏したのか、翼中央より数条の煙霧を後方数十米にたなびかせガソリンの漏洩を続けていた。

つぎからつぎと攻撃する味方機の前に、ふたたび高度をとり、左後下方にB29の編隊を見たときには、数機が火のかたまりとともに北九州の山中に墜落していった〉（前掲書）

本田兵曹の列機を務めた小高登貫兵曹は、B29迎撃戦の模様を隊誌の中にこのように綴っている。

〈五月八日晴、今日も空襲のサイレンは大村湾に鳴りひびいた。それっとばかり紫電改は大村基地の芝生を思いきりけって飛び上がり、佐賀の上空でB29四機を発見した。高度は六千米で、この当時のB29はわりあいに低高度で侵入していた。

我が小隊はその四機に攻撃をしかけた。翼幅四十米以上もあるB29は美しい編隊を組んで遠慮なしに飛んでいる。目標は一番外側のＢ29カモ番機だと一番機が攻撃を開始、無線電話をつうじて私たちの耳もとでくり返しがなる。

「攻撃開始。〈―〉」

私はすばやくＢ29に近づいていった。同時に小隊はそれぞれ単機となりつぎつぎと索敵をはじめた。その距離千五百米。高度差千米。敵はがっちりと編隊を組んでいる。

索敵を終え先頭の機（筆者注＝おそらくこれが本田機と思われる）が切り返すと、みるまにものすごい勢いで射撃を開始した。垂直攻撃の機からまたＢ29の機銃から曳光弾の線が交差した。Ｂ29のエンジンからは白色の煙がふきだした。

見事な射撃である。よしッ、今日は最初からいいぞ、と思いながら私も攻撃するためにぐっと接近した。慎重に近づき左胴体へＢ29を見ながら切り返した。その距離千三百米、高度差千米、私は完全に背面になった。とＢ29は見えなくなった。が、すぐまた巨体から白煙を吐いているＢ29を私のＯＰＫ照準器は確実につかんだ。機の速度は増し、見る間に照準器から翼がはみでる。距離五百、三百、二百、全力を出し発射レバーを握る。ダダダダダダ・・前方から流し射ちをしながら操縦桿を引いた。

弾丸がエンジン、翼に命中するのがよく見える。速度四百ノット近い私の機は、Ｂ29とＢ29の間をものすごい速度で下方にぬけた。Ｂ29に体当たり寸前である。Ｂ29から射撃してくる弾丸はまったく無かった。射ってこなかったのか一発も飛んできた様子はなかった〉

Ｂ29爆撃機との空中戦闘は、４月17日から５月11日まで続き、３４３航空隊は、合わせて21機ものＢ29爆撃機を撃墜している。一方、３４３航空隊の被害は、空中戦闘で３名の搭乗員を失った（地上で搭乗員１名を含む24名が戦死）。「紫電改」は対Ｂ29爆撃機に対しても圧倒的強さを誇っていたのである。事実、５月４日から11日までの戦闘では、９機のＢ29爆撃機を撃墜しながら、３４３航空隊の「紫電改」の損害はわずかに１機であった。

〝ブルドッグ隊長〟菅野直大尉の戦死

昭和20年５月中旬、林喜重大尉がＢ29との戦闘で壮烈なる戦死を遂げた後、第４０７飛行隊には、その後任として前任隊長と同じ姓の林啓次郎大尉が着任した。林啓次郎大尉は、第３０１飛行隊長・菅野大尉の海兵70期の同期生で、それまでボルネオで製油所の防空任務に就いていた歴戦の勇士であった。

そんな林大尉が３４３航空隊の総指揮官として初めて出撃したのが６月２日の迎撃戦だった。敵は、空母「シャングリラ」のＦ４Ｕコルセア隊（総指揮・第85空母航空隊司令Ｗ・Ａ・シェリル中佐）で、九州南部の知覧・出水の特攻基地を叩きに来たときの戦いだ。

鹿屋上空高度６千メートル、眼下にＦ４Ｕコルセアの編隊を発見。林隊長はバンクを振って列機に合図を送り、隊長機を先頭に16機の「紫電改」が猛然と襲いかかった。本田稔氏は、このときの様子を、『本田稔空戦記』の中で次のように記している。

〈各小隊は格好の目標を定め、高度千、五百、百と近づき、いっせいに二十ミリ機銃を発射して完全な奇襲をかけ、F4Uを片っ端から撃墜してしまった。この時三〇一飛行隊は上空警戒に当たっており、我々の攻撃を見ていたが、その前方にさらにF4U八機がゆうゆうと飛行しているのを発見してこれを奇襲し、その五機を墜としたのである。この日、わが方は二機の未帰還機があったが、十八機にのぼる敵艦載機を撃墜した〉

本田兵曹は、この奇襲の第1撃で敵編隊の約半数を撃墜破したとみており、自身もF4Uコルセア1機を撃墜している。本田氏が言う。

「いや〜あの〝戦争〟（筆者注＝本田氏は、空戦のことを〝戦争〟と表現することが多い）は、あまりにも楽に敵機を墜とせたので今でもよく覚えております。あんな楽な戦いは、後にも先にもなかったんじゃないですかね。敵はまったくこちらに気付いていなかったと思いますよ。我々と敵編隊との高度差は2千メートルで、我々が上空から一撃を加えたら、敵は〝編隊のまま墜ちた〟という感じでした」

343航空隊司令・源田実大佐も、自身の『始末記』に次のように綴っている。

〈殆ど完全な奇襲であったから敵としては手の施しようもなかった。尋常の格闘戦に入ることすら出来ず、殆どすべて我が機が後尾についたり、上空から急降下攻撃をかけたりして、片っ端から撃墜し始めた。火を噴くもの、翼の飛散るもの、錐揉みに入るもの、様々である〉（『源田の剣』）

6月2日の空戦も343航空隊の大勝利だった。

では、米軍はこの空戦をどのように見ていたのだろうか。米海軍第38機動部隊指揮官ジョン・S・マッケーン中将から各空母航空隊司令宛てに機密の電信通達が発信された。

〈全搭乗員に徹底せよ。最近九州南部上空において、経験を積み熟練した敵戦闘機隊に遭遇した。ジョージ、零戦、疾風、雷電あるいはトニー（飛燕または五式戦）とも識別される最新型の高性能機を装備し、とくに対空母機戦闘の訓練を積み、疑いなくレーダー管制下の迎撃態勢にある。この型の飛行機は、場合によりコルセアに匹敵する高速の上昇力を持つと認められる。この戦闘機隊は、緊密な二機および四機編隊、果敢な攻撃性、連携のとれた攻撃性を特徴とする。この練度の高いアクロバットチームと交戦した我が軍パイロット、殊に特攻機あるいは爆撃機を相手に容易な撃墜に慣れ、自信過剰となり警戒心をおろそかにした搭乗員はショックを受けている…〉（『源田の剣』）

米軍はこの通達の中で、「紫電改」への対抗策として、編隊を崩さず、相互に掩護できるよう直ちに交差飛行するよう呼びかけも行っている。

ただし、終戦間際のこの頃になると優秀な搭乗員の消耗がこの最精強部隊343航空隊をじわりじわりと苦しめていった。『源田の剣』によれば、剣部隊の初戦闘となった昭和20年3月19日以降、6月末までの約3カ月で、搭乗員の戦死者は60名を数えた。それでも剣部隊の搭乗員と整備員達は怨敵必滅の信念に燃え、ただひたすら祖国を守らんと、一丸となって押し寄せる敵に敢然と立ち向かっていった。

昭和20年7月2日、沖縄読谷飛行場から飛び立った米海兵隊224飛行隊と311飛行隊のF4Uコルセア隊が、九州の特攻基地に攻撃を仕掛けてきた。ちょうどこのとき、米海兵隊戦闘機部隊の下方に菅野大尉の率いる343航空隊の3個飛行隊がいた。今度は6月2日の完全奇襲攻撃の逆となり、米軍の優位戦となってしまった。

『三四三空隊誌』によると、この日の損害は3機、戦果は不明となっている。だが、米軍の記録によれば、少なくとも沖縄に帰投中の1機が投棄されており、米軍はいかなる優位戦でも無傷では帰れなかった。ただ彼らには十分なスペア機が用意されており、パイロットさえ助かれば、またすぐに戦力を回復できた。一方の343航空隊はというと、補充機はおろか修理機材の確保にも難儀していた。

日本軍最精鋭部隊として名を馳せた343海軍航空隊といえども多勢に無勢の戦いでベテランパイロットが相次いで失われてゆくため、その補充のために相当な労力を費やさねばならなかった。この部隊は海軍航空隊きってのエリート部隊であり、したがってパイロットなら誰でもよいというわけにはいかなかったからである。

6月22日、林喜重大尉の後任として第407飛行隊に着任した林啓次郎大尉が戦死し、その後任としてやってきたのが**光本卓雄大尉**だった。また、戦死した撃墜王の杉田庄一兵曹の後任として、これまた支那事変以来のエース・パイロット武藤金義少尉が着任し、菅野直隊長機の2番機を務めることになった。武藤金義少尉は、昭和20年2月に「紫電改」に乗り込んで12機のF6Fヘルキャットを単機で迎え撃ち、4機を撃墜するという離れ業を見せて〝空の宮本武蔵〟と呼ばれた格闘戦のベテランだった。

戦況はもはや覆しようのない劣勢となった昭和20年7月、降伏した同盟国ドイツのポツダムで、米英ソ3カ国の首脳が集まって戦後処理について会談が開かれた。そして、日本軍の無条件降伏を求めた「ポツダム宣言」が7月26日に発表された。そんな状況下でも、343航空隊は黙々と寄せ来る米軍機を堂々迎え撃ち、勇戦敢闘していた。

鴛淵孝大尉

7月24日、米第38機動部隊の500機を超える敵艦載機が呉軍港の在泊艦艇を襲った。これに対し、総指揮官・鴛淵孝大尉率いる24機の「紫電改」が、爆撃を終えて帰投するこの大編隊を迎え撃った。総指揮官を鴛淵孝大尉とする総勢24機だったが、この日の空戦も343航空隊の勝利だった。機体不良から途中引き返しなどでわずか21機となった343航空隊だったが、敵機撃墜16機という大戦果をあげたのである。8月15日の終戦まで3週間、されど剣部隊はその精強ぶりを米軍に見せつけたのだった。

ところが戦後、公式に作成された米軍機損失記録によると、この日の戦闘では、F6Fヘルキャット7機、F4Uコルセア6機、SB2Cヘルダイバー艦上爆撃機13機、TBMアベンジャー雷撃機7機の合計33機が撃墜されていたというのだ。この損失機数には、呉の在泊艦隊からの対空射撃による撃墜が含まれているが、いずれにせよ米軍にとっては痛恨の大損害であった。

だが我が方も、この大勝利の陰に未帰還6機という損害を出しており、もはや戦力に余裕のない343航空隊にとっては大きな痛手であった。未帰還機の中には、着任して間もない〝空の宮本武蔵〟こと武藤金義少尉と、部隊編成時から部隊を引っ張ってきた第701飛行隊長の鴛淵孝大尉が含まれていたのである。鴛淵孝（戦死後、少佐）――享年25であった。

源田司令は、鴛淵大尉についてこう記している。

〈先任隊長である関係上、三飛行隊の全機出撃する場合など、四〇機、五〇機という大編隊を集合から会敵、会敵から戦闘まで、巧く誘導しなければならないのであるが、彼の指揮誘導には、殆んど文句のつけようがなかった〉（源田実著『海軍航空隊始末記　戦闘篇』文藝春秋社）

鴛淵孝大尉を最もよく知る**山田良市大尉**は、『三四三空隊誌』の中でこう述べている。

〈鴛淵大尉は、わたしが兵学校に入校したときの一号生徒（六十八期）で、ただ単に先輩と後輩、隊長と分隊長という単純な関係でなく、呼吸がぴったりあった一号と四号との関係であり、また互いに信頼しあっていた。鴛淵隊長ほど上官からも部下からも信頼された人物はめずらしい。

それは大尉のみごとな統御によるところが大きい。このため隊員たちも「隊長とともに死す」ということに誇りを感じていたものであった。性質は温厚な武人であったが、ひとたび戦闘となれば、その温厚さもふっとんでしまうほどの闘志をかきたてた。いかなる場合にもつねに先頭にたってすすんだものであった。また多数機編隊を指揮誘導する空中指揮能力も抜群で、私たち部下には絶大な人望があり、隊員たちはこの隊長を誇りにし、ことあるごとに自慢していた〉

ちなみに山田良市大尉は戦後、鴛淵大尉の妹である光子さんと結婚し、航空自衛隊で第15代航空幕僚長を務めた。山田大尉もまた、生涯〝空の防人〟であり続けた武人であった。

終戦間近の昭和20年8月1日、B24爆撃機の編隊が南西諸島を北上中との情報を受け、菅野大尉率いる24機の「紫電改」が迎撃に上がった。

このときの菅野区隊の2番機は、私の親族である**中西健造大尉**、3番機・**真砂福吉上飛曹**、4番機・**田村恒春2飛曹**であった。ところが離陸後、中西大尉機は、エンジンから噴き出した黒いエンジンオイルが風防ガラスにかかって前方が見えなくなったためにやむなく引き返し、第2区隊長の堀光雄飛曹長が2番機に入った。

しばらくして屋久島近くの上空で2機のB24爆撃機の編隊を発見。高度6千メートルだった。敵機を確認するや、菅野大尉はいつものように上空から猛然とB24に襲いかかった。だが菅野大尉が射撃を試みるや自機の左翼が爆発し、大きな穴が開いてしまったのだ。「機銃筒内爆発」である。

このとき、2番機の堀飛曹長は、「機銃筒内爆発、コチラ、カンノ一番!」という無線電話を聞き、現場に駆けつけた。そして堀兵曹が菅野大尉の左側について菅野機を見たところ、菅野機の左翼中央部に大きな穴が開いているのを確認したのである。そこで堀兵曹は、B24への攻撃を断念し、菅野大尉機を守るべく寄り添った。

すると菅野大尉は、指先でB24の編隊の方を差したのである。「俺に構わず敵を追え!攻撃第一だ!」というサインである。堀兵曹は2、3度頷いたが、それでも菅野大尉機から離れないでいると、菅野大尉は左手の指を3、4回敵の方へ投げつけて堀兵曹を睨み、攻撃に行けと催促したのである。堀兵曹は、その命令に従って菅野機から離れて敵機攻撃に向かった。

そして堀飛曹長が再び戦場に戻ってB24に攻撃を仕掛けていたとき、菅野大尉から「空戦ヤメ、集マレ」の無線が入った。そこで堀兵曹は急旋回して屋久島の方向に受かったが、もう菅野隊長機の機影はどこにも見当たらなかったという。堀兵曹は何度も呼びかけたが応答はなかった。

〈布告214号――19・1より11月までカロリン群島・比島に転戦し、撃墜破三〇機の個人戦果を挙げたり。19・12　戦闘三〇一飛行隊長に補せられ、強力なる飛行隊を育成せり、邀撃侵攻作戦において単独18機、協同24機の戦果を収めたり、B24南西諸島北進中の報に接し、屋久島北方にて2機撃墜せるも戦死す〉

勇猛さでその名を馳せた〝ブルドック隊長〟こと菅野直大尉（撃墜数72機）の戦死は、2階級特進とともに全軍に布告された。

「菅野大尉は空戦のとき、私の飛行機に近寄ってきて『今日は何機墜したか？』と、聞いてこられるんですよ。それで私が、指を2本立てて『2機』という具合に合図を送ると、自分の撃墜数がそれより少ない時には、『そうか、それならもう1回やってくるか！』とばかりに飛行機をサッと翻して、再び敵機を求めて飛んでいかれましたね。私は、407飛行隊で菅野隊長とは飛行隊が違うのですが、いつもそんな調子でしたよ」

〝ブルドック隊長〟と呼ばれた菅野大尉は、〝空戦の名人〟であった本田稔兵曹を良きライバルとしてみていたようだった。本田氏は言う。

「菅野さんは、そりゃバリバリの戦闘機乗りでした。負けん気の強い方で、いつも『絶対に勝つ！』という強い信念をもって戦っておられましたよ。とにかく1機でも多くの敵機を墜としてやろうという闘志の塊のような人でしたね。菅野さんの戦死は本当に悔しくてならんかったですよ…」

これが最精鋭部隊第３４３航空隊の最期の戦闘となった。

昭和20年３月19日の初陣から終戦までに、〝剣部隊〟こと第３４３航空隊があげた撃墜スコアは、Ｂ29爆撃機を含む１７０機にも上ったのである。海軍きっての〝エリート戦闘機部隊〟第３４３航空隊は、最後の最後まで米軍機を圧倒し続けたのであった——。

「栗田艦隊謎の反転」と戦艦「大和」

連合艦隊最後の大海戦となったレイテ沖海戦。小沢治三郎中将が率いる空母機動部隊が〝おとり艦隊〟として米艦隊を引き付けている間に、戦艦「大和」以下、主力艦隊がレイテ湾に突入するというこの乾坤一擲の作戦は失敗に終わる。当時の「大和」副砲長がすべてを明かした。

超弩級戦艦「大和」は帝国海軍の象徴だった

大和の主砲弾が命中した米護衛空母「ガンビア・ベイ」

米護衛空母「ガンビア・ベイ」を仕留める

昭和19年（1944）10月17日、数十万の上陸部隊（指揮官・W・クルーガー中将）を載せた400隻の輸送船と、戦闘艦艇、補助艦艇合わせて300隻余を誇るT・キンケード海軍中将の第77機動部隊が暴風雨のフィリピン・レイテ湾に姿を現した。もはや一歩も譲れない日本軍と、フィリピンを奪還して対日戦に王手をかけたい米軍の間で、今まさに壮絶な戦いが繰り広げられようとしていた。

日本にとってフィリピンは南方の資源供給地との中間に位置する要衝であり、アメリカの手に陥ちれば日本の継戦能力は潰えてしまう。したがって日本軍はどんなことがあってもフィリピンを守らねばならなかった。まさしくフィリピンの戦いは〝大東亜戦争の天王山〟だったのだ。歴史にその名を残す「神風特別攻撃隊」が誕生したのもフィリピン決戦だった。

「将兵はここに死傷逸せざるの覚悟を新たにし、獅子奮戦、もって驕敵を殲滅して皇恩に応ずべし」

連合艦隊司令長官・豊田副武大将は、レイテ湾に向けて驀進する艦隊の壮途を激励した。昭和19年10月20日、レイテ島に米軍上陸の報を受け、大本営は「捷一号作戦」を発令。陸軍のレイテ島への戦力集中に呼応して、海軍も敵上陸部隊を撃滅せんとレイテ湾に急行したのである。

空母「瑞鶴」「瑞鳳」「千代田」「千歳」を中心とする最後の空母機動部隊（指揮官・小沢治三郎中将）17隻を〝おとり艦隊〟としてルソン島北方海域に進出させ、ハルゼー提督の米第3艦隊を吊り上げている隙に、主力艦隊がレイテ湾に突入して敵輸送船団を殲滅するという連合艦隊最期の一大作戦が始まった。

10月22日、戦艦「大和」「武蔵」「長門」を含む32隻の第一遊撃隊（指揮官・栗田健男中将）はブルネイを出港し、シブヤン海からサンベルナルジノ海峡を抜けてサマール島東岸沿いにレイテ湾へ。さらに戦艦「山城」「扶桑」以下7隻の西村艦隊（指揮官・西村祥治中将）もミンダナオ島北方のスリガオ海峡を抜けてレイテ湾を目指した。この西村艦隊にはスール海から重巡「那智」「足柄」を中心とする10隻の志摩艦隊（志摩清英中将）が合流する計画だった。総勢66隻を数える主力艦艇が動員されたことからも、日本海軍がこのレイテ決戦にすべてを賭けていたことがお分かりいただけるだろう。

最後の日米艦隊決戦ともいえる比島沖海戦は、10月23日の米潜水艦による重巡「愛宕」「摩耶」「高雄」沈没を皮切りに、26日まで続いた壮絶な戦いだった。

開戦直後の10月24日に戦艦「武蔵」が米艦載機の雷爆撃により沈没したのだが、戦艦「大和」の副砲長としてこの海戦に参加した深井俊之介元海軍少佐はこう振り返る。

「あのとき雲霞のごとく押し寄せてきた敵機は、『大和』と『武蔵』を狙ってきました。しかし『大和』の艦長・森下信衛大佐は、水雷戦隊出身で現場主義の艦長でしたから操艦が大変上手かった。それに『大和』は、これまでずっと訓練してきましたからね。ところが『武蔵』は新しい艦だったうえに、猪口敏平艦長は砲術畑の人でした。そんなところにも違いがあったと思います」

なるほど、この空襲で戦艦「武蔵」は、魚雷23本と爆弾17発を受けて沈没しているが、「大和」は爆弾1発を受けただけであった。深井氏はそのときの生々しい状況について語る。

「ブルネイを出て、一晩過ごした23日朝、明るくなる頃には攻撃があるからと全員が戦闘配置につき、重巡洋艦『愛宕』を敵艦に見立てて砲戦訓練をやっていた。その時、急に『愛宕』と『摩耶』と『高雄』、3隻の1万ｔ級の巡洋艦が2隻の敵潜水艦に沈められたんです。それでやむを得ず彼らを置き去りにして、シブヤン海に入りました。

米軍の攻撃がどこから来たかというと、そのときルソン島沖、太平洋への通路であるサンベルナルジノ海峡の出口、レイテ沖に、3つの敵航空母艦群が4隻ずつ、計12隻おりました。ほかにもう1つ、補給基地に帰っていく空母群4隻があって、38任務部隊というこの4つの空母群から、栗田健男長官が指揮する我々栗田艦隊に攻撃が来たんです。

■「レイテ沖海戦」概要図

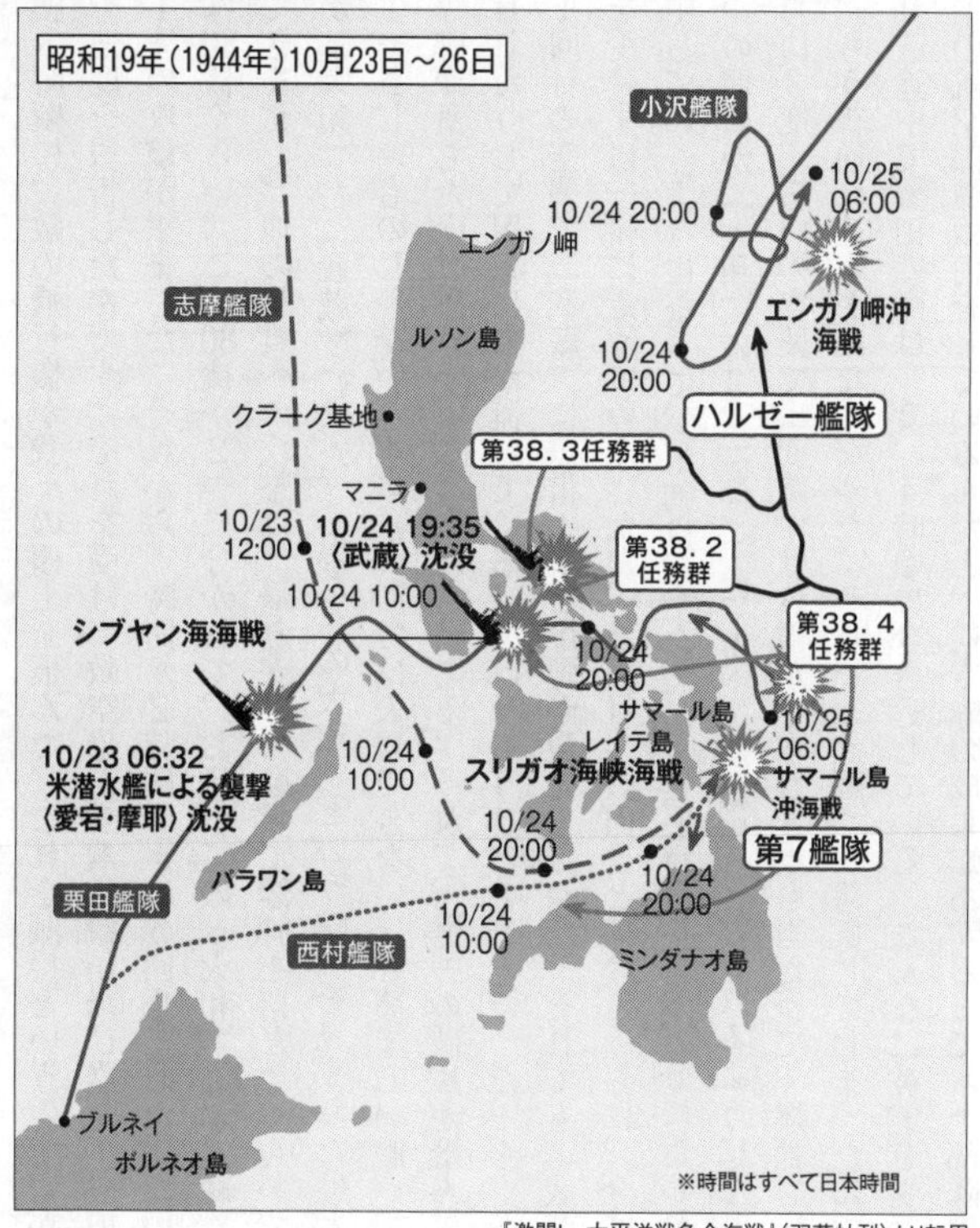

『激闘！　太平洋戦争全海戦』(双葉社刊)より転用

朝8時頃に、敵の飛行機が我々の頭上を飛んで、これを触接というのですが、こちらの進路や速度を報告したんです。それを受けて敵空母から飛行機が飛び立ち、昼前の11時過ぎに第1波の攻撃が来ました。それから1時間か2時間おきに5回来ました。だいたい1回の攻撃は80機ぐらい。この80機が2つに分かれて、お目当ての『大和』と『武蔵』に攻撃を仕掛けてきました。他の艦艇への攻撃は、帰りがけの駄賃で爆弾を落とすぐらいで、ほとんど全部が『大和』と『武蔵』に来た。『男たちの大和』という映画を見ましたけど、実際はあんな生やさしいものじゃない。本当に、口では表現できないほど凄まじい戦いでした。こっちに爆弾が落ちたかと思うと、こっちにも落ちる。それで、爆弾の破片が飛んできて機銃手がやられたりして甲板に血が流れてくる。それはもうひどいものだった……。

1回目の空襲で『武蔵』に魚雷1本と爆弾が数発当たった。それでも『武蔵』はあまり被害を受けずに一緒に走っていた。ただ、2回目、3回目と続けるうちに、今度は『武蔵』に集中していくようになって、最初は、『大和』と『武蔵』に五分五分に行われていた爆撃が、いつの間にか『大和』に3、『武蔵』に7ぐらいの割合で行われるようになりました。そのうちに3度ぐらいの空襲で『武蔵』は魚雷が7本も8本も当たって、爆弾も10発ぐらい命中し、もう普通に速度が出なくなった。それで『武蔵』が落伍してしまったんです。空襲が終わり、途中で栗田艦隊は一度、4時頃にひき返している。こんなに被害を受けているのに、日本の航空部隊は何をしているんだと、航空隊の成果があがるまで水上部隊はしばらく突入を待つから、成果があがったら知らせろという主旨の電報を航空隊に打って、東に進んでいた栗田艦隊が西に進み出した。要は逃げたわけです」

深井氏は、目の当たりにした戦艦「武蔵」の最期について語ってくれた。

「『大和』の艦長は船の操艦が上手かったんです。爆弾や魚雷を、巧みに舵を取ってよける、そういう操艦が上手だった。ところが、「武蔵」の艦長は、大艦巨砲主義の権化ともいえる海軍砲術学校の校長で、長いこと陸上で教官をやっておられたから操艦に慣れていなかった。だから爆弾が落ちてきても上手く避けられなかったんでしょう。それに『武蔵』は新しくできた艦で、乗員がまだよく訓練されてない。ところが『大和』のほうは古いから、乗員も訓練されている。その差で『武蔵』は被害を受け、『大和』は生き残ったんです。

栗田艦隊は、落伍した『武蔵』を残して東に向かったんですが、さっき申し上げたように、航空隊の効果が出るまで待つということで西に向かってひっくり返してきた。そのとき、『武蔵』はもう沈みかけていました。『大和』『武蔵』というのは、舳先がすっと上がってるんです。甲板よりちょっと坂になって上がっており、その上がった先に菊の御紋章がついている。御紋章から白波が立つでしょう。あの白波が御紋章の下からザーッと出て、後ろの甲板はもう水に浸かっていた。それでも『武蔵』は走っていました。僕らはその状態を見て、これはもう駄目だと思ってました。手負いの『武蔵』は、命令により台湾、中国間の群島にある馬公の海軍基地へ向けて航路を取っていたんですが、力尽きてシブヤン海に沈んだんです」

そして10月25日、おとり役を引き受けた小沢艦隊の空母4隻が米艦載機の攻撃を受けて沈没。さらに西村艦隊の主力・戦艦「山城」「扶桑」を含む6隻が沈没し、西村艦隊は事実上全滅した。

一方、栗田艦隊は、重巡「鈴谷」「鳥海」「筑摩」が撃沈されるも、戦艦「大和」をはじめとする戦艦群は米護衛空母「ガンビア・ベイ」を仕留めている。深井氏が述懐する。

「25日6時45分、水平線の向こうにマストが見えた。私も指揮所という高い所から双眼鏡で見ていました。僕は初め、これが敵だと思ってなかった。商船団だと思ったんです。商船団が舞い込んできたけど、これから戦争が起こるかもしれないのに危ないから早くどこかに逃げればいいいな、などと思ってました。それで、この船団が何か確かめようということで、艦隊全部がこれに向かって進んだんです。

目標に近づいていくと、飛行機がポッと飛んだんです。おかしいな、飛行機が飛んだぞと言っているうちに、だんだん近づいたら空母が見えた。これは大変だ、空母だと言って、すぐ射撃の準備をして、6時52分には『大和』の主砲をドンと撃った。発見したのが45分で、弾を撃ったのは52分ですから、7分間で『大和』が初弾を発射したんです」

敵空母と「大和」の距離は、3万2千メートルあった。深井氏が続ける。

「この距離だと落ちるのに50秒くらいかかる。目標をメガネ（双眼鏡）でじっと見ていると、敵空母の向こうに半分、手前に半分、弾がバサッと落ちて、緑色の水柱が上がった。着色弾といって、どの船から撃ったか分かるよう艦によって色が決まっているんです。『大和』の弾は緑でした。水柱が落ちるまで見ていると、空母の後ろの方がガタッと沈んだので、後部に当たったんだと思いました。

靖國神社の遊就館に飾ってありますけど、『大和』の主砲は直径46センチの大きな弾で、40センチぐらいの鉄板なら打ち抜いてしまう。ところが、この空母は元が商船ですから、ズボッと突き抜けちゃったんです。だから爆発しなかった。船はガタッと傾いてそのまましばらく浮いていました。

あとから、これは『ガンビア・ベイ』という商船を改造した護衛空母だと分かりました。弾が当たるか当たらないかというぐらいのときに、右のほうから巡洋艦とおぼしき敵艦がダーッと出てきて煙幕を張った。普段、軍艦は見つからないよう煙を出さずに走っていますが、このときは煙突から黒い煙を出して空母群を隠したんです」

この海戦の戦果は、護衛空母「ガンビア・ベイ」だけではなかった。日本艦隊は、駆逐艦「ホエール」「ジョンストン」「サミュエル・B・ロバーツ」を撃沈し、米護衛空母「カリニン・ベイ」「ファッション・ベイ」他、駆逐艦2隻を撃破したのである。

当時の情景が蘇ったのだろう。武人の目に戻った深井氏が解説してくれる。

「護衛空母群が6隻ずつ3ついたんですが、ちょうど後ろにスコールがあって、煙幕が見えなくなる頃には、敵はこのスコールの中に逃げ込んでしまったんです。だから、『大和』からは何も見えなくなってしまった。レーダー射撃もできないし、撃つ目標は見えない。そこで煙幕を張る敵艦を副砲で沈めたんです。

敵駆逐艦の2隻は、私が指揮する『大和』の副砲で沈めたんです。あのとき私は『左砲戦、左四十度、駆逐艦！』と発して、射撃に要するデータが揃ったところで『撃ち方始め！』と命令しました。一斉射目は遠く外れましたが、『下げ6！』と指示して600メートル手前に落ちるよう修正して撃ったら、それが見事に命中したんですよ」

2隻目の敵駆逐艦も戦艦「大和」の副砲の餌食となった。

「『大和』の副砲弾を食らった敵艦が燃え出したので、『撃ち方待て！』と言って、『目標を右に変え！』と命じて射撃を始めたら、同じ敵艦に向けて戦艦『長門』が主砲を撃ってきたんです。敵艦は両方の命中弾を浴びて、轟沈されました」

深井氏はこんなエピソードも聞かせてくれた。

「あとで戦闘の戦果報告があって、戦艦『長門』から、2番目の巡洋艦は自分が沈めたという報告があったんです。しかし、『長門』の弾は赤い色がついている。『大和』の副砲は色がついておらず、私の撃った弾は白い水柱が上がる。白い水柱が上がって爆発して沈んだのは、この目で見ていました。そのときに、赤い弾が左のほうに2回くらい落ちていたので、『長門』が撃ってるなとは思っていましたが、『長門』が沈めたというのはおかしい。当時は戦果報告を聞いても黙ってましたが、実際に見ていたのでよく分かっています」

「大和」らが敵艦を葬っている頃、小沢艦隊が米ハルゼー艦隊を北方へ引き付ける〝おとり作戦〟を見事成功させていた。栗田艦隊が敵輸送船団の集結するレイテ湾へ突入する準備が整ったのだ。

ところが栗田艦隊は、レイテ湾への突入をなぜか中止したのである。栗田長官は、突如艦隊を反転させてブルネイへ引き返してしまったのだ。これは大東亜戦争最大の謎の1つである。

戦後、栗田中将は米戦略爆撃調査団のインタヴューで、このときの決断の理由をこう語っている。

〈艦隊はレイテ湾に向針していました。その日にうけた攻撃状況や、われわれの対空砲火がその空中攻撃に対抗できないという結論から、もしこのままレイテ湾に突入しても、さらにひどい空中攻撃の餌食になって、損害だけが大きくなり、せっかく進入した甲斐がちっともないことを私に信じこませたのです。そんなことならむしろ、北上して米機動部隊に対して、小沢部隊と合同して共同作戦をやろうというところに落ち着いてきました〉(『丸』エキストラ「戦史と旅4」―レイテ湾突入ならず―潮書房)

おとり艦隊となって米軍の攻撃をひきつけ、満身創痍の小沢艦隊とどうやって共同作戦をやろうというのだろうか。この点に関してはどうも合点がいかない。これについて深井氏はある秘話を紹介してくれた。彼は秘話に触れる前、秘蔵の短刀を取り出して私に見せてくれたが、その短刀には「義烈　小沢冶三郎」と小沢長官の揮毫があった。

「栗田艦隊謎の反転」の真相

栗田艦隊の〝謎の反転〟について深井俊之介氏はその衝撃的な真相を証言してくれた。以下は、靖國神社遊就館における「第一回大東亜戦争を語り継ぐ会」（産経新聞社・雑誌『正論』主催、平成26年7月27日）における私と深井氏のやり取りである。

井上　最後に、今も議論が続く「謎のUターン」のお話しをお願いします。

深井　突撃命令が出たので、「大和」も「長門」も戦艦部隊はどんどん攻めていきました。そして水雷戦隊の駆逐艦も30数ノットで逃げる敵艦を追いかけていき、もう魚雷が撃てるという5千～6千メートルくらいまで近づいていったのです。一方、被害を受けている「大和」は22ノットぐらいしか出せませんでした。

こうして艦隊がバラバラになってしまったので、9時11分、追撃をやめて逐次集まれという命令がかかりました。それからまとまってレイテ沖に向かったんです。レイテ湾は山の陰で見えないけど、「あの辺がかすんで見える」「何か船がいるような気がするな」なんて言いながら南へ、南へと2時間ほど走ったでしょうか。もう1時間半も走ったら「大和」の主砲弾がレイテ沖の敵の軍艦なり、商船なりに当たるぞという所まで来たところで、「大和」が50～60機の空襲を受けたのです。その弾をよけるのに、艦隊があっち向いたり、こっち向いたりして、爆撃が終わった時には、「大和」は北を向いていました。

時刻は13時10分、すると栗田長官が「レイテ突入をやめ、北上し敵機動部隊を求め決戦」という命令を出されたのです。僕らは対空戦闘が終わってもどんどん北へ行くので、おかしいなと思って、艦橋へ降りていって「どうしたんだ?」と聞いたら、みんな黙っている。

艦橋には栗田長官と、「大和」「長門」を指揮する第1戦隊司令官の宇垣纏(まとめ)さん、そして大和艦長の3人がおられるんですけど、もう3人とも変な顔なんですよ。栗田長官は黙って前を向いたまま。宇垣中将は参謀に向かって、「南に行くんじゃないのか!」と皆に聞こえるよう大きな声で言っておられる。参謀はなんだか隠れて聞こえないふりをしている。「大和」の艦長は、司令官が2人も乗っているからどうしようもない。黙って座ってるだけ。栗田長官は90マイル先の機動部隊を攻めに行くといい、宇垣長官は当初の予定通り30マイル先のアメリカを潰しに行くという。2人の意見が分かれて、それまでにだいぶやり合ったらしい。

僕らは、ここまで来てあと1時間半行けば敵の艦隊も商船も上陸したマッカーサーの陸軍だって、みんな潰してやれると思っていた。なのに目の前に敵がいるのにレイテに向かわず、90マイルも北にある敵艦隊に戦いを挑むなんて考えられませんでした。「大和」が速力22

ノットで30マイルも走ればレイテ湾に着く。命令通りレイテ湾に突入してアメリカ軍を潰さなければ、日本とボルネオの油田地帯とを結ぶ交通路が遮断され、いくら船が残っていても役に立たなくなる。飛行機も飛べなくなる。だから、ここは絶対に譲れない。そう考えた私は、後ろで作戦参謀が集まっているところに怒鳴り込んで大ゲンカしたんです。普通なら軍法会議にかけられてすぐ停職になりますが、そんなことはもう頭にありませんでした。しかし、いくら地団駄踏んでも、参謀が長官に「南へ行きましょう」と言って方針を変えない限り、「大和」は北に向かって走り続ける。悔しくてしょうがないが、海ですから降りて歩くわけにもいかない。本当に情けない思いをしながら、昨日受けたような爆撃を何遍も受けながらブルネイの基地に戻ってきた。それが謎の反転の真実なんです。

井上　反転の理由はいったいなんだったのでしょうか？

深井　その間に怪電報があったのです。「敵機動部隊見ユ、地点ヤキ1カ　0945」というものです。これは栗田艦隊司令部にだけあって、他のどの艦も受信した記録がない。「大和」と司令部は通信所が全然違うから「大和」にもない。発信者も分からない。「ヤキ1カ」というのは飛行機用の符号なので、飛行機が打った電報だと分かっているが、栗田さんは戦後、これはマニラの南西方面艦隊司令部にいる同期生が打ってくれた電報だと言っています。その電報のヤキ1カ、「大和」の北方地点の敵に向かって反転したんだというのが参謀の言い分です。

僕があんまりしつこいから、作戦参謀がその電報を持ってきて、「この敵を叩きに行くんだ、これだ！」と示した。後から考えて、どうも作戦参謀の作文に違いないという結論に僕は達しました。作戦参謀は、とかく噂のある〝死にたくない人〟でした。以降の日程を考えても、次の日には爆撃を受けないようなシブヤン海の端まで行っている。それで逃げられると考えていたのではないか、と私は疑っています。ただし証拠はありません。

井上　栗田長官ご自身はどうお考えだったのでしょうか。

深井　あの人は下から押し上げられて偉くなった人で、そんなに器量が大きな人ではない。だから作戦は参謀任せ。参謀が言うならそれでよかろうということだったのではないでしょうか。ミッドウェー海戦で護送していた輸送船部隊を置いて沖縄に逃げ帰った経歴もあるから、僕らも信用していませんでした。それでも戦後、あれは「俺の一存だった」と全部責任を負われた。しかし実際はそうじゃないと思います。

栗田健男中将

井上　もし、栗田艦隊がレイテに突入し

小沢治三郎中将

ていたらどうなったと思われますか。

深井　レイテ湾には40隻くらい敵の輸送船がいた。空船にせよ何にせよ、輸送船がどんどん沈められたらレイテ湾は使えなくなったでしょう。旅順閉塞みたいなもので、船で増援部隊、増援物資を送れなくなり、そうなれば6万の米兵が干上がってしまう。そうなれば、次の作戦までに3カ月や4カ月はかかる。また、「大和」と「長門」が艦砲射撃すれば、陸軍の守備隊も少しは盛り返して、飛行場を取り返したかもしれない。希望的観測をすればそんなところです。その3カ月か4カ月の間で、有利な条件で講和ができれば、連合艦隊が潰れていいじゃないか。国のためにやることだからしようがない……そういう気持ちでした。

井上　最後に大変貴重な写真をご覧いただきます。小沢治三郎長官から贈られたという短刀です（巻頭写真頁を参照）。

深井　小沢さんは1期下の栗田長官をよく知っていて、あの男はもしかしたらレイテに突っ込まないのではという懸念があった。その時は「大和」の士官が率先してレイテに突っ込みなさい。俺もおとり艦隊で全滅してでもやるから、お前たちも必ず突っ込んでくれということで、出撃前に贈られた短刀です。レイテ湾に突っ込み、最後は必ず死ね——と。
後から考えて、あのとき小沢長官は僕たちを激励するためにこれをくれたのだと分かった。小沢さんの武人の魂がこれに籠っています。

驚くべき事実である。
栗田艦隊が突入を断念した後も海の戦いは続いた。翌日の10月26日、米艦載機の攻撃を受けて、軽巡洋艦「能代」「阿武隈」が沈没。4日間にわたるこの比島沖海戦の結果、日本艦隊は、戦艦3隻、空母4隻、重巡6隻、軽巡3隻、駆逐艦9隻を失い、その他多数を大・中破され、無傷で帰還できたのは、わずかに戦艦「日向」と駆逐艦9隻だけであった。
栄光の連合艦隊は、この比島沖海戦で事実上壊滅したのである——。

古今未曾有の超弩級戦艦「大和」

日本海軍の象徴たる戦艦「大和」に乗り込んで大東亜戦争を戦った深井俊之助氏は、第1次世界大戦が勃発した年の生まれで大東亜戦争の主要海戦に参加された歴戦の勇士だった。
その経歴を紹介すると、
大正3年（1914）、東京都出身。昭和5年海軍兵学校入校。9年卒業、「八雲」。10年

「比叡」。11年少尉、中尉任官。14年南支方面作戦、大尉任官、「夕暮」。15年仏印作戦。16年「初雪」、マレー沖海戦。17年エンドウ沖海戦、バタビヤ沖海戦、サボ島沖海戦、ガダルカナル作戦、第3次ソロモン海戦、「金剛」。19年「大和」副砲長、少佐任官、シブヤン沖海戦、サマール沖海戦、レイテ沖海戦。20年、第3航空艦隊参謀、終戦。「八雲」、マニラ在留邦人救出輸送任務。10月予備役。戦後は不動産建設業を営む。

以下、再び産経新聞社・月刊『正論』（平成26年10月号）に掲載された私の深井氏のインタヴューの一部を紹介したい。超弩級戦艦と称された「大和」の実相がお分かりいただけるはずだ。

井上 深井さんが最後に乗艦された戦艦「大和」はひと言で言うとどんな船だったでしょうか。

深井 うまく説明できないんですけれども、なにしろ世界一いい船。これからもこんなものはできない。今までできた軍艦の中でこれよりいい船はできないと思います。私は今でも「大和」の写真を飾ってますが、とても懐かしい。非常に特徴的なのは、排水量7万3千トン、全長さ265メートル。東京駅の新幹線のホームが260メートルぐらいです。私は東京駅を見ると、いつも「大和」を思い出すんです。両方の長く、低いところがあって、中央部が少し高くなっていて……東京駅ぐらいの船だと思っていただければいいんです。速力は28ノット。私は副砲長ですから、配置についていたのが副砲射撃場というところで、だいたい水面から40メートルぐらいの高さにおりました。7階建てぐらいのビルになるんじゃないでしょうか。

乗組員編制でいうと艦長、副長、砲術長、副砲長、高射長、航海長、通信長……とあるんですけれど、艦長が戦死されたら副長。副長が戦死されたら砲術長……という具合に指揮権が移り、私は上から5番目です。そういう立場で「大和」に乗っていました。

井上 余談ですけど、「大和」ではラムネは飲み放題で、アイスクリームが食べ放題だったと聞いておりますが。

深井 普段はホテル並みの食事が出て、夕方はフルコースの洋食というのが普通でした。冷暖房があるしワンルームマンションのちょっと大きいぐらいの個室があって、〝大和ホテル〟とみんな言っていました。ただ、普段はそうでも、戦争中はそんなわけにはまいりません。握り飯を食べて戦争するんです。

井上 よその艦艇からも「大和」のアイスクリームを食べに来られたと。

深井 アイスクリームもコーヒーも、何でもありました。ホテルと同じようなものです。散髪屋も歯医者さんもあったんです。歯医者さんは下手だったですけどね。私なんか「大和」で治療してもらった歯が、最近抜けちゃって困ってるんですよ(笑)。

井上 「大和」への着任は、昭和19年3月でしたね。深井さんが指揮・管制されていた副砲は、3連装の15センチ砲でしたね。

深井 副砲は前と後ろと2つあったんです。建造当初は4つあったんですけれども。航空機の脅威が高まったことから、途中で呉に帰って4つのうち2つ下ろして対空機銃に替えたんです。ですから、私がレイテ沖海戦に行ったときには前後の2基の合計6門しかなかったんです。

井上 ちなみに、この15チセン砲というのは、今、陸上自衛隊で155ミリ榴弾砲というのがありますが、それを3本並べて撃つのとおよそ同じくらいの威力があったことになります。その射程はどのぐらいだったんでしょうか。

深井 28〜30キロは届いていたようですが、撃って必ず当てられるのは1万メートル前後ですね。1万5千〜7千メートルだったら、必ず当てる自信がありました。

井上 「大和」が誇る世界最大の主砲46チセン砲はいかがでしたか。

深井 主砲の射程はだいたい42キロですから、東京から大船ぐらいでしょうか。30キロ前後の目標ならちょうどよい距離で、1万メートル以内の近い目標に対しては大きすぎて使いにくい。主砲は3連装で、3本を1つのブロックにして根元から全部動くんです。大砲の下には弾薬が……遊就館にありますけれども、こんな大きな弾がずらーっと立てて並んでいました。その下の階には火薬庫があって、弾を飛ばす火薬を積んでいるところがある。そういう円錐形の砲塔がありまして、それが全部一緒に水圧で動く。

井上 主砲の射撃音はかなり大きかったと聞いてます。どんな感じだったんでしょうか。

深井　音も大きいけれども、爆風が凄かったですね。大砲を撃って弾が飛んでいくときに、爆風がバーッと出るんですが、主砲の砲口が見える場所にいると、爆風で怪我をします。だから、兵隊さんには「大砲の砲口が見えたら逃げなさいよ」と注意をしておりました。艦の上で戦争をしてますと、「大和」のような大きな艦でもしぶきや波がかかって濡れるので、みんなレインコートを着ていました。ところがそのレインコートはファスナーでなくボタン留めなので、主砲をボーンと撃つと、レインコートのボタンが取れてパッと開く。それほど爆風は凄かったんです。

井上　対航空機用の高角砲や対空機銃はいかがでしたか。

深井　3つ並んでいるうちの小さいのは40ミリ機銃です。口径40ミリで3連装、これはシェルターの中に入っていて、爆弾が落ちて破片が飛んできても、操作する砲員が怪我しないようになっています。その上にあるのが高角砲で、仰角90度ぐらいまで撃てるんです。この高角砲は副砲に比べて、非常に速く動きますから、高速で飛ぶ敵機の動きに対応できます。そもそも副砲は、飛行機を撃つ大砲じゃありませんから、そんなに速く回りませんが、高角砲はどこへでも素早く狙いをつけられるようにできていた。だから、機銃が40ミリで、高角砲12・7センチ。それから副砲が15・5センチ。そんなところです。

レイテ沖海戦で引き返した戦艦「大和」は、内地の呉港に留まり、以後、出撃することはなかった。だがそんな戦艦「大和」に最後の出撃命令が下る。1億総特攻の先駆けとして、第2艦隊（伊藤整一中将）の旗艦として沖縄への水上特攻だった。

昭和20年（1945）4月6日、戦艦「大和」は、軽巡洋艦「矢矧」と駆逐艦8隻を率いて沖縄への水上特攻に出撃し、敵艦載機の猛烈な空襲を受け、翌7日14時23分、3332名の乗員と共に九州南方坊ノ岬沖に沈没した。戦艦「大和」の沈没はまた、栄光の帝国海軍の終焉でもあった。

戦艦「大和」——その名を聞いて熱い血潮が漲ってくるのは決して私だけではないだろう。大東亜戦争時、戦艦「大和」の存在は、日本海軍将兵のみならず、日本国民の必勝の信念の象徴であり続けた。そして戦後も戦争映画に登場し、また『宇宙戦艦ヤマト』などアニメの題材となって語り継がれている。

大日本帝国海軍の象徴たる戦艦「大和」は、今も日本人の心に輝き続けているのだ。

日米最後の地上戦となった「沖縄戦」

軍民合わせて20万人が犠牲となった沖縄戦。だが、沖縄は決して本土の捨石などではなかった。昭和20年（1945）3月から始まった沖縄戦で、日本軍は陸に、海に、空に、死力を尽くして沖縄を守ろうとしたのである。

沖縄に上陸する米軍。洋上には雲霞の如き艦艇が押し寄せていた

第32軍司令官を務めた牛島満中将

米軍に多大な出血を強いた嘉数高地の戦闘

昭和20年（１９４５）３月26日、米陸軍歩兵第77師団が慶良間諸島に上陸を開始し、沖縄地上戦の火蓋が切って落とされた。そして迎えた4月1日、戦艦10隻をはじめ２００隻以上の戦闘艦艇の猛烈な艦砲射撃の支援を受けた米陸軍第7師団・第96師団および米第1海兵師団・第6海兵師団が、ついに沖縄本島西部の読谷（よみたん）海岸付近に上陸を開始したのである。

ところが様子がおかしかった。日本軍から1発の弾も飛んでこない。米軍は、ペリリュー島や硫黄島で経験した日本軍の猛烈な反撃を予想していたが、なぜか10万を数える日本軍守備隊は沈黙したままだったのだ。だがこれは、日本軍の戦術転換によるものだった。日本軍は圧倒的物量を誇る米軍をまずは上陸させておいてから、間合いを詰めて一挙に叩くことを計画していたのだ。敵との距離を縮めることは、敵の艦砲射撃を封じる狙いもあった。日本軍と上陸部隊が接近しているところに艦砲射撃を行ったら、友軍を誤爆してしまうためだ。

とにかく沖縄戦が始まる頃の日米両軍の戦力差はあまりにも大きかった。

■「沖縄戦」概要図

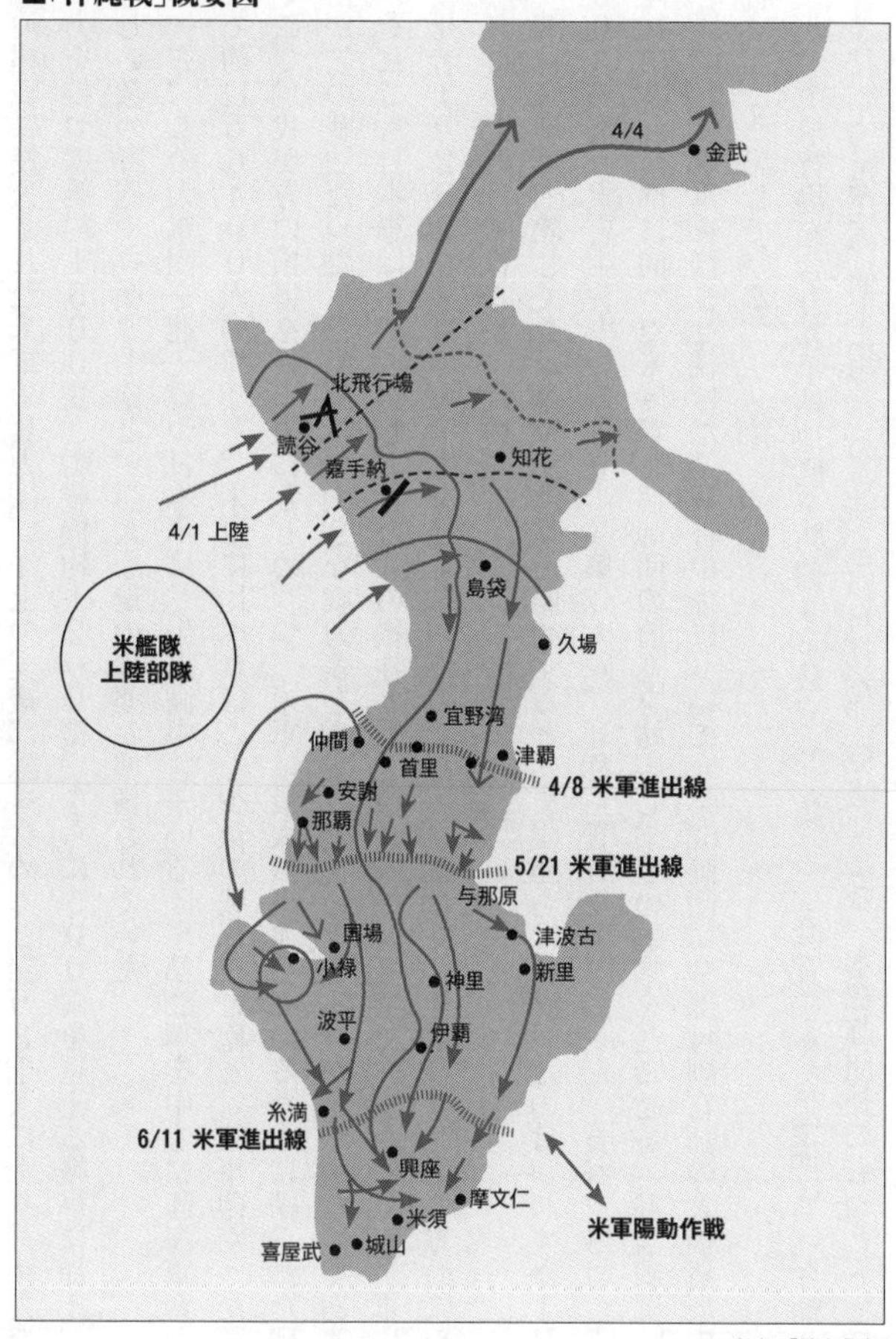

参考／『戦史叢書』

沖縄戦に投入された米軍の兵力は、洋上の支援部隊を含めると54万8千人に上り、強力な火力を持つ艦艇約1500隻と艦載機約1200機、さらに500両を超える戦車に加え、夥しい数の野砲やロケット砲と、膨大な量の弾薬が準備されていた。

一方、この大軍団を迎え撃つ日本軍は、牛島満中将率いる陸軍第32軍を中心に陸海軍合わせて約11万6400人の将兵と、米軍に比べればごく少数の戦車・野砲と対戦車砲だった。そこで、我が方の損害を最小限にとどめつつ、米軍に最大の出血を強いるために練られた戦術が先の戦法だった。日米両軍の大きな戦力差を考えれば、そうするほかなかったのである。

それでも日本軍は勇戦敢闘し、10万人の犠牲と引き換えに絶対優勢であったはずの米軍に戦死者1万2520人もの大損害を与えていたのである。断じて、日本軍はただ一方的にやられていたわけではなかったのだ。

読谷海岸に上陸してきた米軍が進撃を開始すると、まず立ちはだかったのは、わずか1200人の賀谷與吉中佐率いる独立歩兵第12大隊、通称〝賀谷支隊〟だった。賀谷支隊は、上陸後に本島南部に向った米陸軍2個師団の前進を妨害し、その進撃を遅らせる「遅滞戦闘」を展開して米軍を悩ませ続けた。賀谷中佐について、第62師団司令部付副官部の大橋清辰中尉は、こう記している。

〈北、中飛行場を含む嘉手納地区を防備する独立歩兵第十二大隊長・賀谷中佐は、「今楠」（筆者注＝〝現代の楠木正成〟の意）といわれた。機略に富む、本郷師団長のもっとも信任厚い大隊長であった。戦さ上手の、名だたる大隊長の数多いなかでも、ピカ一の一級品であった。

その賀谷大隊長が、新任務に就くにあたり司令部を訪れられたときの師団長との会話は、豪胆そのものであった。

「第二十四師団一個師団のあとを一個大隊で守るとは、軍人冥利に尽きます。米軍にひと泡吹かせてご覧に入れましょう」

と呵々大笑され、その遅滞誘導の任務については、

賀谷與吉中佐

「鬼さんこちら、手のなる方へですね」

とニコニコしておられた。師団長も、

「命がけの鬼ごっこだね」

と談笑しておられた〉（『丸別冊　最後の戦闘』潮書房）

賀谷中佐の率いるわずか1個大隊（1233名）が、その20倍以上の2個師団（米陸軍第96師団と第7師団）を迎え撃ち、上陸初日の4月1日から4日までの4日間、その前進を阻み続けたのである。

米軍はこの神出鬼没の精鋭部隊に大いに苦しめられた。岡本喜八監督の映画『激動の昭和史　沖縄決戦』では、俳優の高橋悦史が豪胆な賀谷支隊長を演じている。

劣勢にありながらも各地で勇戦敢闘した日本軍は、とりわけ嘉数高地（現・宜野湾市）の戦闘では、10倍もの米軍に大損害を与えている。

藤岡武雄中将率いる陸軍第62師団の歩兵第63旅団（中島徳太郎少将）および第64旅団（有川主一少将）は、あらかじめ嘉数高地の北側斜面にトーチカを構築し、南側斜面には迫撃砲や砲陣地、そして歩兵が身を隠す棲息壕などを配置した「反射面陣地」で待ち構えていたのである。

日本軍は故意に米軍に高地の占領を許しておき、米軍が台上に上がったところで前田高地などから重砲弾の雨を降らせた。同時に高地の南側に設けられた戦闘壕から出て来た日本兵が手榴弾を投げつけて片っ端から米兵をなぎ倒していったのである。米兵達は、高地占領の喜びも束の間で、日本軍の砲弾の雨あられに晒されたのだ。米兵らはまさしく〝まな板の上の鯉〟だった。

日本軍の反撃は凄まじく、米軍に猛烈な銃火を浴びせ、あるいは壮絶な白兵戦を挑むなど、その勇猛ぶりは米軍将兵に大きな衝撃を与えた。嘉数高地を巡る戦闘は熾烈を極め、米軍が高地を取ったと思えばすかさず日本軍が奪還し、また米軍が取り返しに来るといった一進一退の攻防戦が連日繰り広げられたのである。

わずかな数で何倍もの米軍相手に防御線を守り続けていた日本軍に対して、4月19日、米軍のM4シャーマン戦車30両が投入された。しかし、これら戦車軍団は巧みに配置された日本軍の速射砲や高射砲に狙い撃ちされ、また爆雷を抱えた兵士による体当たり攻撃などによって、なんと22両が撃破されてしまったのである。前出の大橋清辰中尉はこう述べている。

〈大山、神山、中城の前進陣地において米軍にひと泡吹かせた独立第十三、第十四大隊の陣地編成ならびに防御戦闘は、理想的な戦いぶりであった。

すなわち、中央正面の第十三大隊は、用意周到に準備構成した陣地に拠り、侵入してきた敵戦車三十両のうち二十四両（原文ママ）を撃滅した。また、沖縄戦最大の激戦地・嘉数高地の争奪戦では、七日間におよび大激闘を展開し、堪りかねた米軍は第二十七師団を投入するという、わが軍の大勝利であったのである。

さらにわが主陣地全線において、独立第十三大隊に勝るとも劣らない凄惨な戦闘が至るところで展開されたのである。米軍は二個師団では足りずに、さらに一個師団を追加投入し、しかも米第九十六師団と米第二十七師団は、損害と疲労に耐えかねて、四月末には後方にあった二個師団と交代するに至ったのである。実に第六十二師団は、ただの一個師団で敵三個師団と激闘する余力を残していたのである〉（前掲書）

この嘉数の戦闘を米軍側ではどのように見ていたのだろうか。

米陸軍省戦史編纂部編集による『沖縄』（外間正四郎翻訳、光人社NF文庫）によると、午前8時23分に米軍部隊の先頭が、嘉数高地から200メートル離れた小高い丘から進撃しようとしたとき、日本軍の野砲や機銃が一斉に火を噴き始めたため、米軍はかなりの犠牲を強いられたうえに前進は阻まれたという。そして続く対戦車戦闘については、次のように記録されている。

〈午前八時三十分、歩兵部隊が嘉数高地前方の小山をあきらめて後退しかけたとき、戦車隊が三列、四列になって嘉数台地を横断しはじめ、嘉数と西原間を南進していった。火炎放射器を装備した自動操縦戦車も加え、全戦車三十輌が、日本軍陣地の主力に強力な攻撃を加えようとこの台地に集結したのである。第一九三戦車大隊のA中隊が、戦車隊の主力を構成していた。戦車三輌が進撃の途中、台地付近で地雷にあって擱座した。

戦車隊が列をつくって進撃しているとき、西原丘陵の陣地から日本軍の四十七ミリ対戦車砲が猛攻を加えてきた。敵弾は十六発が発射されたが、米軍は一発も撃ち返せずに戦車四輌を撃破されてしまった〉（前掲書）

米軍は村落に侵入する際には火炎放射器で日本軍陣地をしらみ潰しにしていったのだが、そこでも日本軍の猛烈な返り討ちに遭って被害が続出した。

〈米軍の被害も大きかった。とくに村落に入るときが激戦で、村落周辺、あるいはその中に入ってからでさえ、戦車十四輌がやられた。その多くは施設地雷や四十七ミリ対戦車砲にやられたものだが、なかには、重砲や野砲で擱座させられたものもあり、また日本軍が爆薬箱をもって接近攻撃法をこころみ、爆薬もろとも戦車に体当たりし、自爆をとげるという特攻にやられて撃破された戦車も多かった。

米軍の被害はますます大きくなった。とくに爆薬箱をもった日本軍は、戦車にとっては大脅威だった。爆薬箱は、ふつうボール箱の中に火薬をつめ、それを至近距離から戦車の無限軌道（筆者注＝キャタピラ）めがけて投げつけてくるのである。だが、日本人はしばしばこれを腕にかかえてそのまま戦車にぶつかってくる戦法をとったのだ。嘉数─西原戦線でも十キロ爆薬をかかえた〝自爆攻撃兵〟によって、日中に六輌が撃破された。

戦車は無限軌道をやられ、動けなくなっても、中の搭乗員はなんでもないのがふつうだった。だが、日本軍は戦車を擱座させてからなだれこみ、天蓋をあけて手榴弾を投げ込んだ。こうして多くの戦車が破壊され、また搭乗員も殺されたのである。

午後一時三十分、いまや米軍歩兵が来るのぞみはすっかり断たれ、戦車隊は、もとの線まで後退するよう命令をうけた。朝、嘉数高地に出撃した三十輌の米軍戦車のうち、午後もとの位置に帰ってきたのはわずか八輌であった〉（前掲書）

現代ではほとんど語られることのない沖縄戦における日本軍の勇戦とその大戦果。だが明らかに日本軍は勇猛果敢に戦い、かくも大きな戦果をあげていたのだった。

米陸軍省もこの嘉数の戦闘をこう総括し、日本軍の強さを認めている。

〈こうして、四月十九日の中南部攻撃作戦は失敗した。日本軍の戦線は、どの陣地をも突破することができなかった。彼らはどこでも頑強に抵抗し、米軍を追い返したのである。西側の一号線道路近くでさえ、第二七師団はかなり進撃したとはいうものの、そのほとんどの地域が日本軍のいない低地帯で、そこから、丘陵地帯への進撃は、猛烈な反撃にあって、のぞむべくもなかったのである。

その他の戦線も同じだった。朝出撃して、日本軍の抵抗戦にぶつかると、もうその日の進撃は、それで終わりだった〉(前掲書)

日本軍は優勢な米軍の前に敢然と立ちはだかり、強力な米軍戦車を撃退し、4月8日から24日までの攻防戦で6万4千人もの兵を失いながら、米軍にその予想をはるかに超える戦死傷者2万4千人の出血を強いたのだった。米軍はこの大損害に愕然とし、日本軍守備隊の強靭さに震え上がったのである。

この激戦の地・嘉数高地は戦後、当時の戦跡が整備されて「嘉数台公園」として遺されており、宜野湾市の建てた案内板には次のように記されている。

「嘉数高地は、第二次世界大戦中に作戦名称七〇高地と命名され、藤岡中将の率いる第六十二師団独立混成旅団、第十三大隊原大佐の陣頭指揮で約千人の将兵と約千人の防衛隊で編成された精鋭部隊と、作戦上自然の要塞の上に堅固な陣地構築がなされたため十六日間も一進一退の死闘が展開されたが、しかし米軍にとっては『死の罠』『いまわしい丘』だと恐れられた程に両軍共に多くの尊い人命を失った激戦地である。この嘉数高地七〇高地は、旧日露戦争の二〇三高地に値する第二次世界大戦の歴史の上に永代に残る戦跡である」のだ。

この高地の攻防戦は、かの日露戦争における「二〇三高地」の戦いに匹敵するほどだったのだ。

嘉数だけではなく前田高地でも同様だった。第24師団歩兵第32連隊第2大隊長・志村常雄大尉は4月29日に前田高地に進出して米軍と激しい戦闘を演じており、志村大尉はそのときの様子をこう綴っている。

〈砲爆撃と戦車砲の射撃によって高地上が無力化し、南斜面のわが主力を洞窟内に追い込むことに成功したとみるや、射撃が中止され、間髪入れず、敵歩兵が高地北側の断崖を縄ばしご等で登ってくる。

敵の歩兵は、主として自動小銃の腰だめ射撃と手榴弾で入念に台上掃射を行なったうえで、これを占領するのであった。この間、空には絶えず観測機（われわれがトンボと呼んでいたもの）が飛行して、密接に地上と連絡をとっている。

高地上を占領されていたのでは、いつ馬乗り攻撃をかけられ、洞窟が破壊されるかわからないから、われも機を見て高地上の敵に逆襲を敢行する。このさい、洞窟内に引き込んでいた大隊砲と擲弾筒で短切な支援射撃を行ない、これに膚接して突撃を行なったが、これは極めて効果的であった。

米軍は、われわれの突撃にたいしてはまったく弱い。「ウワーッ」と白兵をふるって突っ込むと、敵歩兵は、完全に戦意を失って一目散に後退する。小銃も装具も投げ棄てて逃げて行くのであった。なかには悲鳴をあげ、あるいは泣き叫びながら逃げる者もいる。そして、ついには北側の断崖からころげ落ちる者も少なくなかった〉（『丸別冊　最後の戦闘』）

加えて現在の浦添市にある城間の戦闘でも、これまた日本軍の猛烈な反撃にあって米軍は夥しい被害を出している。米軍は、4月21日の戦闘の様子をこう記録している。

〈午後十一時、城間と下方の谷間にいた日本軍が、いっせいに総攻撃を開始した。米陣地をけちらし、機関銃二挺をぶん取り、多数の米兵を殺し、米軍が部隊を再編できないほどめちゃめちゃにしてしまった。ベッツ大尉は残りの兵を引きつれ、どうにか百八十メートル南方の第一大隊の線まで引き下がったが、中隊の兵力はいまや半分に削がれてしまっていた〉（『沖縄』）

沖縄県民かく戦へり　後世特別のご高配を賜らんことを

日本軍が勇戦した天久台の攻防戦も忘れてはならない。

5月12日、沖縄本島最西部を南下する米海兵隊第6師団は、日本軍第32軍司令部の置かれた首里から約2キロ離れた那覇北の天久台（あめくだい）で、我が独立混成第44旅団と激突した。劣勢であったにもかかわらず、我が第44旅団は米第6海兵師団の猛攻に怯むことなく、5月18日まで1週間にわたってその進撃を阻止し続けたのである。とりわけ米軍が〝シュガーローフ〟と呼んだ小さな「安里五二高地」を巡る戦闘では、嘉数高地の戦闘に勝るとも劣らぬ見事な防御戦闘によって、迫りくる米軍の進撃を阻止し続けている。

沖縄戦では至るところ日米両軍兵士による白兵戦が繰り広げられ、一進一退の攻防戦が展開された。最終的にこの攻防戦は米軍が制したものの、戦死傷者2662名と1289名の戦闘神経症患者を強いられたのだった。戦死傷者の多さもさることながら、この戦いにおける米兵の戦闘神経症患者が1200名を超えたことに注目する必要がある。すなわちこれは、日本軍将兵がいかに米海兵隊員に恐怖を与えたかの証左であり、日本軍の反撃の凄まじさを物語っているからだ。

また、沖縄戦を語るとき、陸軍空挺部隊による「義烈空挺隊」を忘れてはならない。

義烈空挺隊は、11、12名の空挺隊員を乗せた97式重爆撃機を敵占領下の飛行場に強行着陸させ、飛行機から飛び出した空挺隊員が地上にある敵航空機や地上施設を強襲するという、いわば〝殴り込み部隊〟だった。

昭和20年5月24日夕刻、奥山道郎大尉率いる120名の義烈空挺隊員は、熊本県の健軍飛行場に集結し、それぞれの郷里に向って遥拝した後、諏訪部忠一大尉率いる第3独立飛行隊の12機の97式重爆撃機に分乗して米軍占領下の北飛行場（読谷）、中飛行場（嘉手納）を目指して大地を蹴った。当時の写真を見ると、奥山大尉が彼の乗る1番機の機長・諏訪部大尉と笑顔で握手を交わし、そして出撃時もまた奥山大尉が笑顔で機上より手を振って別れを告げている。そこには悲壮感など微塵も感じられず、むしろ、奥山大尉の辞世の句「吾が頭南海の島に曝さるも 我は微笑む 國に貢せば」そのものだった。

健軍基地を飛び立った12機の97式重爆撃機は、エンジンの不調などによって4機が引き返したため、8機のみが沖縄本島に突入することになった。だが、激しい対空砲火のために奥山大尉の座乗する1番機（諏訪部大尉）を含む7機が撃墜されてしまった。それでも、原田宣章少尉の乗った4番機（町田一郎中尉）だけは敵の猛火をかいくぐり、見事、北飛行場に強行着陸したのである。97式重爆から飛び出した10余名の空挺隊員は暴れまわり、居並ぶ敵機を次々と破壊したうえに、大量の航空燃料を焼失させた後に壮烈な戦死を遂げている。

文字通り死力を尽くして戦い続けた日本軍――しかし、善戦むなしく最後は本島南部に追い詰められ、昭和20年6月23日黎明、第32軍司令官・牛島満大将と長勇（ちょういさむ）参謀長は、摩文仁の丘突端の司令部壕内で自刃して果てたのである。

沖縄戦では日本軍将兵約10万人が戦死しているが、一方で日本軍の猛烈な反撃と徹底抗戦によって、米軍も第10軍司令官・サイモン・バックナー中将を含む約1万2千人に上る戦死者と7万人を超える戦傷者を出している。日本軍守備隊が一方的にやられっぱなしのように伝えられる沖縄戦。だが実際は、米軍は彼らがこれまで経験したことのなかった苦戦を強いられ、そして未曽有の損害を被っていたのである。

沖縄戦では、米軍の無慈悲な無差別攻撃により10万人を超える一般市民が犠牲となっており、激しい怒りと悔しさを覚える。忘れてならないのは、沖縄戦で日本軍がかくも勇敢に戦えたのは、軍に対する沖縄県民の献身的な協力と絶対の信頼があったからなのだ。

沖縄県民かく戦へり
県民に対し後世特別のご高配を賜らんことを

豊見城（とよみぐすく）岳陵に構築された海軍司令部壕内で6月13日に自決を遂げた海軍沖縄根拠地隊司令官・大田実少将（戦死後中将に特進）は、その1週間前の6月6日、沖縄戦における沖縄県民の献身的な協力と筆舌に尽くしがたい苦労を報告するとともに、これに報いるべく後世には沖縄県民に対して特別の配慮をお願いする一文を、海軍次官当ての電文の最後に添えたのだった。

沖縄戦は、軍民一体となって力合わせて戦った史上最大の国土防衛戦だったのである。

大戦果をあげていた「神風特別攻撃隊」

戦後、大東亜戦争の悲劇の象徴として酷評されてきた特攻隊――だが、当時の若者達は「自分が行かねば！」と至純の愛国心をもって勇んで志願し、そして驚くべきことに陸海軍の航空特攻は、278隻もの敵艦を撃沈破し、米兵を恐怖のどん底に陥れていたのだ。

戦艦「ミズーリ」に突入する特攻機（米軍が撮影したもの）

マバラカット基地から出撃する神風特別攻撃隊「敷島隊」

特攻隊の威力を日本軍から隠した米軍

昭和19年（1944）10月25日、フィリピンのマバラカット基地から飛び立った関行男大尉率いる神風特別攻撃隊「敷島隊」（250キロ爆談を搭載した零戦5機）の1機が、米海軍の護衛空母「セント・ロー」の後部飛行甲板に突入、同艦は大爆発を起こして沈没した。爆弾を抱いて敵艦に体当たりする肉弾攻撃――〝神風特別攻撃隊〟の初めての戦果であり、航空特攻の始まりだった。

実はこの同じ日、敷島隊に先立ってフィリピンのダバオ基地から飛び立った神風特別攻撃隊の朝日隊（2機）、山桜隊（2機）、菊水隊（2機）に加え、セブ島から出撃した大和隊（2機）、そして敷島隊と同じマバラカット基地からも彗星隊（1機）と若桜隊（4機）もアメリカ艦隊に襲い掛かって大きな戦果をあげていたのである。

この日の神風特別攻撃隊は、合計18機（他、特攻機を上空援護する「直掩機」と呼ばれる零戦11機）が出撃し、護衛空母「セント・ロー」を撃沈した他、護衛空母「サンチー」「スワニー」「カリニン・ベイ」を大破せしめ、護衛空母「サンガモン」「ペトロフ・ベイ」「キトカン・ベイ」に損害を与えたのだった。加えて、この日の攻撃でアメリカ海軍が失った空母艦載機は128機を数え、戦死・行方不明者1500名、戦傷者は1200名に上ったのである。

繰り返すが、これはわずか18機による戦果であり、つまり航空特攻作戦は日本海軍の〝大勝利〟だったことになる。

この日、レイテ湾の米輸送船団を叩くべく進撃を続けていた栗田艦隊が、米護衛空母群を発見、戦艦「大和」らの砲撃によって護衛空母「ガンビア・ベイ」、駆逐艦「ジョンストン」「ホエール」「サミュエル・B・ロバーツ」を撃沈した。しかし、これ以上深追いするとレイテ湾突入作戦に影響すると判断した栗田艦隊は、午前9時23分に護衛空母群の追撃を中止した。前項で詳述した栗田艦隊〝謎の反転〟である。ところが、栗田艦隊による追撃中止のおよそ1時間20分後、前述の通り神風特別攻撃隊・敷島隊がこの空母群に突入して護衛空母「セント・ロー」を撃沈、これと前後して13機の特攻機が米艦隊に大打撃を与えたのだった。

昭和19年10月25日をもって、日本海軍の主力は〝連合艦隊〟から〝特攻隊〟にバトンタッチされたのである。戦後のマスコミや有識者などは、この特攻隊による攻撃を指導部の愚策と揶揄し、挙句は特攻隊がまるで〝犬死〟であったとする報道および解釈が流布されてきた。

ところが、冒頭に紹介した昭和19年10月25日の戦闘で、特攻隊は大戦果をあげていたのである。この事実から、〝特攻作戦が失敗であった〟というのが大きな間違いであることがお分かりいただけよう。

昭和19年10月25日から昭和20年（１９４５）８月15日の終戦の日までのおよそ10カ月間に、海軍の特攻機２３６７機が敵艦隊に突入して２５２４名が散華した。同じく、陸軍の特攻機は１１２９機を数え、１３８６名が散華している（このデータは資料によって多少異なる）。

この航空特攻を受けた連合軍の被害はどうだったか。

私の調べによれば、陸海軍の航空特攻によって撃沈または撃破された連合軍艦艇は、実に２７８隻にも上り、資料によっては３００隻を超えるとしたものもある。もっとも米軍は、輸送艦や上陸用艦艇の被害をこうした数に含めていないので、実際の被害艦数はこれをさらに上回るものとみられる。さらに、米軍だけをみても日本陸海軍機の航空特攻による犠牲者は、戦死者が１万２３００名、重傷者は３万６千名に上り、加えて想像を絶する恐怖から戦闘神経症の患者が続出している。

このように、日米両軍の戦死傷者の数を単純比較しただけでも、特攻隊は３倍の敵と刺し違え、12倍の敵とわたりあっていたことになる。

不思議なことに日本ではこの大戦果はほとんど知られていない。ところが航空特攻の絶大なる効果については、米海軍の将校であるベイツ中佐の言葉がこれを証明する。

〈日本の空軍が頑強であることは予め知っていたけれども、こんなに頑強だとは思わなかった。日本の奴らに、神風特攻隊がこのように多くの人々を殺し、多くの艦艇を撃破していることを寸時も考えさせてはならない。だから、われわれは艦が神風機の攻撃を受けても、航行できるかぎり現場に留まって、日本人にその効果を知らせてはならない〉（安延多計夫著『あゝ神風特攻隊』光人社ＮＦ文庫）

繰り返し言うが、日本軍の特攻作戦は大戦果をあげていたのである。にもかかわらず、航空特攻で散華された特攻隊員に対して、偽善的な哀れみの情を込めて〝無駄死〟だとか〝犬死〟などというのは特攻隊の英霊に対する冒涜以外の何物でもない。

出撃していった特攻隊員の話を聞くことはできないが、私は特攻機を援護して出撃していった直掩機の搭乗員から、当時の貴重な証言を聞くことができた。かつて第２０１航空隊の第３０６飛行隊に所属してフィリピンで戦った、後の３４３航空隊のエース・笠井智一兵曹は、特攻機の直掩を経験した数少ないパイロットであった。

10月25日の敷島隊出撃の2日後の10月27日、笠井氏らの直掩機8機が列線に並ぶと、そこにはすでに4機の特攻機・艦上爆撃機「彗星」が待っていた。山田恭司大尉を指揮官とする「忠勇隊」だった。笠井兵曹が、これから自分が援護してゆく特攻機を感慨無量の心境で眺めていると、そこに懐かしい顔を発見した。

「おぉ、野々山！」

それまで緊張した面持ちの笠井兵曹の顔がほころんだ。甲飛10期の同期生・野々山尚一等飛行兵曹を見つけたのだ。野々山兵曹も笑顔で応じた。

「おぉ、笠井、笠井じゃないか！　お前何しに来たんだ！」

笠井兵曹は言った。

「おう、俺は直掩や！」

すかさず野々山兵曹はまなじり上げて返した。

「そうか、頼んだぞ！」

基地隊員の帽振れに送られて離陸した直掩の笠井兵曹らが上空で待っていると、4機いたはずの「彗星」が1機足りないことに気づいた。1機は車輪故障のため飛べなかったのである。むろんそれが、同期の野々山兵曹であったことはこの時点で知る由もなかった。

笠井兵曹らは、3機の特攻機を護衛して目標海域へ向かったが、そこには目標となる敵艦を発見できなかった。そこで、「もし敵艦が見つからぬ場合はレイテ湾に向かえ」との命令に従いレイテ湾に機首を向けた。ところがレイテ湾の上空高度5千メートルは分厚い雲に覆われ視界ゼロ。ところが奇跡的に一カ所だけ分厚い雲の切れ間があり、夥しい数の敵艦が見えたのである。

3機の特攻機は、次々と雲の切れ間に飛び込んでいった。「彗星」は、500キロ爆弾を積んでいるので急降下速度は速いため、直掩の零戦がついてゆくことは並大抵のことではなかった。それでも笠井兵曹は、敵艦目指して突進してゆく特攻機を援護しながらついていった。

ところがどうしたことか、敵艦を目前にこの1番機が体当たりを止めて機首を引き起こしたのだ。より大きな目標を発見したため、目標を変えたのである。そして怨敵必滅の信念に燃えた神鷲は狙いを定め、今度は真一文字に敵艦目指して突入していった。

ドドーン！　見事体当たりを果たしたのである。轟音とともに猛烈な火柱が上がった。

「よくぞやった！　体当たりできてよかったな。次は俺の番だ。先に行って待っていてくれよ！」

これが、特攻機の体当たりを目の当たりにした笠井兵曹の心境だったという。

「もう1機は乙飛16期生の搭乗員が操縦していましたが、この機は駆逐艦に体当たりしました。そして最後の1機は、輸送船に体当たり攻撃をしかけたんですが、残念ながら体当たりできずに敵艦の傍に突入して至近弾となったんです」（笠井兵曹）

この10月27日の戦闘を調べてみると、午後3時30分に飛び立った山田恭司大尉率いる神風特別攻撃隊「忠勇隊」の3機は、笠井兵曹ら8機の直掩機に守られて敵艦に体当たり攻撃を敢行し、戦艦1隻中破、巡洋艦1隻大破、輸送船1隻小破という大戦果をあげていたのだった。

この記録を笠井氏の証言と照らし合わせてみると、笠井兵曹が最期の瞬間まで守り抜いた

1番機は、戦艦に体当たりしてこれを中破させ、続いて2番機が体当たりした「駆逐艦」は巡洋艦であり、これもまた大破させている。そして体当たりできずに至近弾となったもう1機は、「輸送船」を小破させていた。ちなみに敵巡洋艦を大破せしめた「乙飛16期」の特攻隊員は、竹尾要一等飛行兵曹あるいは山野登一等飛行兵曹ということになる。

また、この日に車輪故障で出撃できなかった笠井氏の同期生・野々山尚一等飛行兵曹は、その2日後の10月29日に2機の「彗星」艦爆で出撃し、「大型空母1隻撃破」の戦果をあげている。アメリカ側の記録によると、この大型空母は「イントレピッド」であり、特攻機が舷側の20ミリ機関砲台に突入し、米兵16名が戦死傷者したと記録されている。いずれの航空特攻も、米軍将兵を震え上がらせる大戦果をあげていたのだった。

陸軍特攻隊教官が見た特攻隊員の姿

こうした体当たり攻撃は、航空機による特攻だけではなかった。

潜水艦で運搬された人間魚雷「回天」、島影から高速で敵艦に体当たりする特攻艇「震洋」、棒の先に取り付けた機雷を海底から敵艦艇の船底に触雷させる「伏龍」など、日本軍はあらゆる特攻兵器を繰り出して物量に勝るアメリカ軍に敢然と立ち向かっていったのである。

そもそもこれら特攻兵器なるものは、航空母艦や戦艦などの攻撃目標に確実に命中させるために人間が操縦するという当時では最強の〝誘導兵器〟であり、それゆえに敵軍将兵に恐れられた。もちろん特攻機が突入しても沈まない艦艇は多かった。しかしながら特攻機が体当たりすると、搭載していた２５０キロ爆弾が爆発して大きな被害を与えるだけでなく、特攻機の積んでいた航空燃料が飛散して甲板を火の海にしたため、多くの将兵が焼け死んだという。

昭和20年5月11日に2機の特攻機の突入を受けた正規空母「バンガーヒル」は、沈没を免れたものの、４０２名の戦死者を出し、２６４名の重軽傷者を出している。当然こうした地獄絵を目の当たりにした米軍将兵は特攻機を恐れ、またその士気は著しく低下したはずだ。

前出の『あゝ神風特攻隊』によれば、特攻機の攻撃を受け、大きな被害を受けた駆逐艦「ニューコム」の艦長I・E・マクシミリアン中佐は、その戦闘報告に〈不気味な死に直面し、ひどい火傷や重傷のうめき声がはっきり聞こえてきて、焦熱地獄の様相を呈してきた。士官および下士官兵の精神状態が極度に動揺した…〉したと記している。

また、特攻機の突入を受けて黒く焼け焦げた駆逐艦が、慶良間列島に設けられた米軍の損傷艦錨地に帰ってくると、またこの惨状を見た将兵は同様に特攻機の恐怖を思い知ることになったわけである。体当たりした敵艦が沈没せずともその実被害はもちろんのこと、将兵の精神的被害も深刻だったのだ。

沖縄方面の航空特攻では、日本軍の航空攻撃を事前に察知するため洋上の哨所に配置された「レーダー哨艦」と呼ばれる駆逐艦が狙われ被害も多かった。米海軍のターナー大将の幕僚は次のように語っている。

〈われわれはレーダー哨艦としては、艦隊中の優秀艦を抜いてこれに当てた。哨所につけと命ずることは、まるで死刑の宣告を与えるようなものだ。実際、こぎれいなつやつやと光沢のある駆逐艦が哨所につくために、北の水平線に消えていくのを見送るぐらい嫌な気持のものはない。駆逐艦の機関も大砲も完全で、乗員もピチピチしているのに、数時間もたたないうちに、ひどい姿になって曳航されながら帰ってくるのだからな〉（前掲書）

戦後、こうして雄々しく戦った特攻隊員は、まるで、その意志に反して強制的に志願させられたかのごとく言われ、あろうことか〝かわいそうな若者〟に仕立てられてきた。

だが、特攻隊員の肉声はそのようなものではなかった。彼らは至純の愛国心を胸に戦い、そして命を祖国のために捧げたのである。かつて陸軍特攻隊の教官であり、自らも終戦前日に特攻命令を受けた陸軍きっての名パイロット田形竹尾准尉は次のように言う。

「出撃前、特攻隊員は仏様のような綺麗な顔でした。目が澄みきって頬が輝いておりました。彼等は皆、愛する祖国と愛する人々を守るために自ら進んで志願していったんです。断言しますが、戦後言われるような、自分が犠牲者だと思って出撃していった者など1人としておりません。皆、『後を頼む』とだけ遺して堂々と飛び立っていったんです…」

田形氏は戦後伝えられてきた「特攻隊員は、本当は行きたくなかったのだ。皆『お母さん！』と叫んで死んでいった戦争の犠牲者なのだ」などという虚構もきっぱり否定する。確かに、国を愛する心が希薄な現代人の尺度で推し量れば、そうかもしれない。しかしながら、国を愛し、親兄弟をなんとしても守ろうと考えていた当時の日本人からすれば、自らの生命を賭して戦うことは当然のことであったに違いない。

現代に生きる我々は、現代の尺度で過去を見ようとするために真実が見えないのである。

かつて私はフィリピンで行われた神風特別攻撃隊の慰霊祭に参加したことがある。このとき、式典会場で出会った地元フィリピンのダニエル・H・ディゾン画伯はこう語ってくれた。

「当時、白人は有色人種を見下していました。これに対して日本は、世界のあらゆる人種が平等であるべきとして戦争に突入していったのです。神風特別攻撃隊は、そうした白人の横暴に対する力による最後の〝抵抗〟だったと言えるでしょう」

世界には神風特攻隊の勇気とその愛国心を讃える声が溢れているのだ。

大東亜戦争の象徴とも言える〝特攻隊〟。その戦果は大きく、連合軍将兵の心胆を寒からしめていたのだった。そしてこのことが、米軍兵士に日本軍兵士への畏敬の念を抱かせ、今日の日米同盟を堅固なものにしていることを忘れないでいただきたい——。

大東亜戦争最後の血戦「日ソ戦」

日本の敗戦が決定的となった昭和20年（1945）8月8日、ソ連は突如として日ソ中立条約を破棄し、翌9日から日本領に対して武力侵攻を開始した。戦闘は満州方面、千島・樺太列島方面で行われ、終戦となった15日以降も継続されたが、一連の戦闘でソ連軍は甚大な被害を出していたのだった。

占守島には精強な日本軍戦車部隊が駐屯していた

占守島の戦いで戦車第11連隊を率いた池田末男大佐

「陸の特攻」で敵戦車を次々撃破

昭和20年（1945）8月9日未明、日ソ中立条約を一方的に破棄したソ連は、突如満州に軍を送り込んできた。敗戦濃厚となった日本に対して、まるで火事場泥棒のごとき振る舞いである。日本軍将兵は怒りに震え、この卑劣な敵に対して徹底抗戦で挑むことを誓った。満州に展開する関東軍は、重戦車を先頭に怒涛の如く押し寄せてくるソ連軍を全力で迎え撃った。

ハバロフスクに司令部を置くソ連極東軍の侵攻の報に接し、陸相・阿南惟幾（あなみこれちか）大将は各軍司令部にこう打電している。

〈ソ連ついに皇国に冦す。明文いかに粉飾すといえども大東亜を侵略制覇せんとする野望歴然たり。事ここにいたるまたなにをかいわん、断乎神州護持の聖戦を戦い抜かんのみ〉（伊藤正徳著『帝国陸軍の最後』角川文庫）

当時、満州にあった石頭（せきとう）予備士官学校で教育を受けていた陸軍甲種幹部候補生の荒木正則軍曹は、ソ連軍参戦時の様子をこう回想する。

「『いよいよ来たな』という感じと、学校周辺に曳光弾、信号弾が夜空にどんどん上がったことを覚えています。3600名の学生は、時間がなくて元の部隊に帰るわけにいかない。そのまま学校ぐるみ、野戦部隊に編成されました。教育隊は第1中隊から第4中隊までが歩兵中隊、第5中隊が重機関銃中隊、第6中隊が歩兵砲中隊という編成だったんですが、歩兵を奇数中隊と偶数中隊に分け、第1方面軍（牡丹江）指揮下の小松連隊（2、4中隊）と、第5方面軍（掖河）指揮下の荒木連隊（1、3中隊）に編成。それぞれに5、6中隊の半数ずつが入りました。

荒木連隊はすぐに第一線に出て、牡丹江の東20キロの磨刀石という場所で、ソ連軍の戦車部隊に対して壮絶な肉弾戦を行いました。小松連隊は後方陣地構築のために、東京城のほうに南下しました。私は第5中隊（重機関銃中隊）第3区隊で、本来は前線に行くはずだったんですが、たまたま区隊長が訓練のために不在だったんです。戦闘に参加するのに区隊長がいなくてはダメだということで、東京城のほうへやられました」

荒木軍曹ら士官候補生の任務は、国境付近から避難してきた在留邦人が祖国に帰るまでの防波堤となり、軍主力が撤退して後方に防御戦を築き上げるまでの時間稼ぎをすることであった。

そんな中で、「磨刀石の戦い」が始まった。荒木氏は言う。

■「ソ連軍による千島・樺太への侵攻」概要図

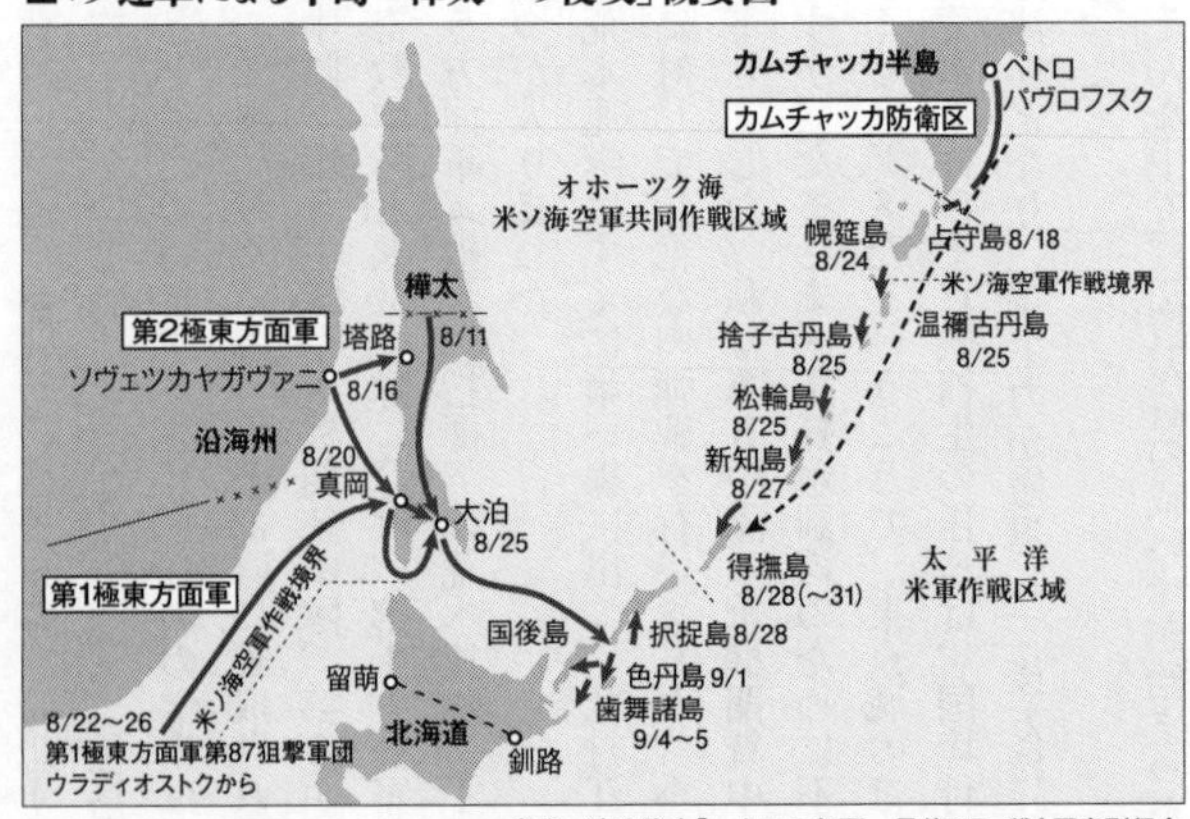

参考／中山隆志『一九四五年夏　最後の日ソ戦』国書刊行会

「磨刀石の戦いは皆さんご存じないかと思いますけども、これを〝陸の特攻〟と褒め称え賞賛してくれたのは、皮肉にもソ連だったんです。150両の敵戦車に対して、体当たりの肉弾特攻。いかにソ連との最前線における戦いが凄惨なものであったか……。この戦いによって初めて、満州侵攻後のソ連が戦線立て直しのために第一線を後退したのです。

第5軍の前線基地は牡丹江の先の掖河です。そこからさらに前線の磨刀石に、850名の候補生が出陣しました。ただ、戦闘部隊ではなく学校ですから、戦おうにも十分な武器がない。そこで、10キロの爆薬に信管代わりに手榴弾を結びつけ携帯天幕に包んだ急造爆雷を胸に抱きかかえて、その身もろとも、かつてドイツの機構軍団を破ったT34戦車に向けて突っ込んでいきました。

10キロばかりの爆弾で敵の戦車が爆破できるのかとよく言われますが、キャタピラをやるんです。続いて擱座した敵戦車を乗っ取って、砲塔をソ連の戦車に向けて撃つ。これだったら、敵の戦車をバコバコとやれますよ。そういう戦いを次から次へと繰り広げた。

戦友が次から次に目の前でやられる。それなのになぜ逃げなかったのか。逃げようと思ったら逃げられるんです。戦友が爆発して吹っ飛ぶ、その胴体や頭を見ながら、それでも最後まで突っ込んだというのが、石頭予備士官学校生徒の連中の魂じゃないかと思います。8月13、14日の2日間の戦闘で、850名のうち750名が戦死しました」

爆雷を胸に抱き、敵重戦車に肉弾攻撃をかける我が将兵の姿が眼に浮ぶ。まさに「陸の特攻隊」であった。

候補生らは、その多くが20代前半の若者だった。そんな若者達が爆雷を抱いて勇猛果敢に突進していったのである。重厚なソ連軍のT34戦車に向って突っ込んでいき、そして敵戦車を次々と撃破していったのだった。この壮絶な戦いぶりと大戦果に対し、関東軍司令部は〝甲種幹部候補生隊は戦闘間克くその面目を発揮し、彼の惨めなる他隊を超然、軍の真骨頂を発揮せり〟と全軍に布告した。また、長射程の強力な大口径砲をずらりと配置した「虎頭（ことう）要塞」では、第15国境守備隊が寄せ来るソ連軍に巨弾の雨を降らせ、敵の侵攻を阻止し続けたのである。終戦日である8月15日以降も、敵の降伏勧告を3度蹴り、銃剣と手榴弾による肉迫攻撃が8月29日まで続けられた。

停戦後、我が軍のこの敢闘ぶりはソ連軍参謀長をして〈虎頭の日本兵は天下最強の守兵であった〉（前掲書）と激賞せしめたほどであった。

樺太（からふと）でも激しい戦闘が繰り広げられた。8月9日、北緯50度線を国境とする日本領南樺太に侵攻してきたソ連軍は、地上部隊が国境を突破して南下を図ったが、日本軍の激しい反撃の前に大損害を被っていた。当時歩兵第25連隊歩兵砲大隊長だった菅原養一少佐は、こう記録している。

〈八月九日、ソ連の対日戦争参加により、早朝より北樺太警備のソ連軍は、航空部隊援護のもとに半田―古屯道に重点を指向し、攻撃を開始してきた。国境警備の歩兵第一二五連隊主力は、既設陣地によってソ連軍と交戦、その前進を阻止するとともに、挺進部隊をもってソ連軍に大きな損害を与えつつあった〉（『丸別冊　北海の戦い』潮書房）

第125連隊の第1大隊第1機関銃中隊の前田俊雄兵長は、国境を越えて南下してくるソ連軍を重機関銃で迎え撃ったときの様子をこう記している。

〈各中隊へ配属した機関銃分隊の活躍はもの凄く、接近して来る敵兵を正確な射撃でバタバタと薙ぎ倒し、威力を余すことなく発揮していた〉（前掲書）

日本軍は、緒戦ではソ連軍の戦車部隊をも見事に撃退したのであった。

前田兵長はこう述べている。

〈十三日昼ごろから、戦車七〜八両を伴ったソ軍歩兵一コ大隊が、師走（しわす）川北方、七百メートル付近に進出してきた。そして、亜界（あかい）川橋梁近くに砲列を敷いた十〜十五榴弾砲数門の支援射撃を受けつつ、前進してくる。

我が第四中隊は、師走川南に大隊砲小隊、速射砲三門、重機関銃二機をもって布陣し、来攻してくるソ軍を猛撃する。さらに北斗山のわが山砲も加わり、ソ軍の前進を阻止し、亜界川以北に撃退した〉（前掲書）

終戦の詔勅が発せられた8月15日以降も、ソ連軍の猛攻と侵攻は止むことはなかった。だが日本軍は徹底抗戦を続行し、敵に予想外の損害を与えている。再び前田兵長の回顧。

〈敵は十五日早朝から、ふたたび兵舎を目標に猛烈なる攻撃を仕かけてくる。わが第一大隊は少数にてよくこれに応戦、死守するも、兵員の損傷は少なくなかった。ちなみに、このときのソ連兵力は一千数百名の大部隊だったという。

この大敵を相手に、果敢なる戦闘を展開する。正午近くになったとき、古屯（ことん）兵舎南側の車道から、敵戦車十数両がいっせいに火を吐きつつ猛攻してくる。これに対峙していたわが連隊砲分隊は、古屯衛兵所横に砲を隠蔽し、敵戦車が頭を出すと速やかに飛び出して射撃を加える。

近距離なので、百発百中である。それでも擱座した戦車を後方の戦車が路上から押し出しながら、なおも前進してくる。ふたたび飛び出しては射撃する。このような射撃をくり返し

つつ十数両を射止めた。この戦果は大きかったといえる〉（前掲書）

局地戦とはいえ、これは大変な戦術的勝利だった。欧州戦線でドイツ軍を撃ち破ったT34戦車を野砲だけで10数両も仕留めたのだからあっぱれというほかない。

ソ連軍は同じ8月15日に塔路港、8月20日には真岡に上陸してきた。だが、ここでも日本軍の抵抗は凄まじかった。ソ連側は被害を公表していないものの、相当な出血を強いられたとみられている。最終的に、樺太における日本軍の頑強な抵抗によってソ連軍の南下速度が遅れ、その結果、北海道上陸作戦が阻止されたとも言われている。

所変わって、千島列島——。その再北端に位置する占守島では、日本軍最後の大規模な戦車部隊による戦闘が行われた。

8月14日、海峡を挟んだ対岸のカムチャッカ半島ロパトカ岬に設置されたソ連軍の4門の130ミリ砲が、占守島の竹田浜付近に砲撃を行った他、翌15日にもソ連軍機が占守島を爆撃するなど挑発行動を始めた。8月17日にはカムチャッカ半島からソ連軍上陸部隊が出港、これに合わせてソ連軍機の爆撃およびロパトカ岬の砲台が砲撃を行い、占守島を巡る大攻防戦が始まった。

終戦から3日後の8月18日深夜、ついにソ連軍は占守島の竹田浜に上陸を開始、続いて国端崎などに上陸してきた。ソ連軍上陸部隊は、アレクセイ・グネチコ少将率いる8821名から成る陸軍部隊とドミトリー・ポノマリョフ大佐を司令官とする海軍歩兵1個大隊および輸送艦14隻など54隻の艦艇であった。これに加えて約80機のソ連陸海軍航空部隊が支援した。だが、上陸したソ連軍を待ち構えていたのは、杉野巌少将率いる歩兵第73旅団と池田末男大佐率いる戦車第11連隊、さらに第1および第2砲兵隊、その他工兵大隊、高射砲大隊などおよそ8千名の日本陸軍精強部隊だったのである。

この占守島守備隊の上級部隊は、堤不夾(ふさき)貴中将を師団長とする第91師団で、その師団司令部と5個大隊から成る第74師団は、占守島に隣接する幌筵(ほろむしろ)島に控えていた。日本軍の火砲は実に２００門、当時としては贅沢すぎるほどの火力であった。池田連隊長率いる戦車第11連隊は、47ミリ砲搭載の97式中戦車20両の他、旧砲塔の97式中戦車19両に95式軽戦車25両の合計64両から成る戦車部隊であった。

まず上陸してきたソ連軍に、日本軍の猛烈な野砲の砲弾が降り注いだ。ソ連軍の上陸用舟艇は次々と撃破され、上陸してきたソ連兵が炸裂する我が砲弾に吹き飛ばされる。戦車第11連隊は、池田連隊長を先頭に四嶺山のソ連軍を撃退すべく出撃準備を急いだ。

池田連隊長は突撃を前に力強く訓示した。

〈われわれは大詔を奉じ家郷に帰る日を胸にひたすら終戦業務に努めてきた。しかし、ことここに到った。もはや降魔の剣を振るうほかはない。そこで皆に敢えて問う。諸子はいま、赤穂浪士となり恥を忍んでも将来に仇を報ぜんとするか。あるいは白虎隊となり、玉砕をもって民族の防波堤となり後世の歴史に問わんとするか。赤穂浪士たらんとする者は一歩前に出よ。白虎隊たらんとする者は手を上げよ〉(『戦車第十一聯隊史』)

大野芳著『8月17日、ソ連軍上陸す　最果ての要塞・占守島攻防記』(新潮社)によれば、この訓示を受けた隊員らは、全員が「おう!」と歓声をあげ、もろ手をあげたという。池田連隊長は部下達の至純の愛国心と決意を確認し、その目は涙に曇ったという。池田連隊長は下令した。

〈連隊はこれより全軍をあげて敵を水際に撃滅せんとす。各中隊は部下の結集を待つことなく、御詔勅を奉唱しつ丶、予に続行すべし〉(『戦車第十一聯隊史』)

かくして戦車部隊の大反撃が開始された。

池田連隊長は片手に日の丸を握りしめ、戦車部隊の先頭に立って突撃を開始したのである。この出撃の様子を戦車第11連隊で97式中戦車改の砲手を務めた神谷幾郎伍長は、私にこう話してくれた。

「集合して、連隊本部のある千歳台の方向を見たら、道路をもう戦車が走っていくじゃありませんか。連隊長の戦車だったんです。普通だったら隊列を整えて出撃するのですが、連隊長は、『我に続かんと欲するものは続け!』とばかりにどんどん行っちゃうんですよ。それで私達は連隊長車を追いかけるように出ていったんです」

池田連隊長は死に場所を見つけたとばかりに突進していったという。大野芳氏は前掲書の中で、その突撃の生々しい様子を見事に描いている。

〈「二時の方向。男体山右側三百っ」

砲手席の式町が覘視孔（横十五センチ幅五ミリの覗き窓）からひときわ大きな火箭をいせる敵拠点を目視・測定した。

「おれに初弾を撃たせろ」と、内田は式町に代わって引金を引いた。

「スターン」と、砲声とともに砲塔が振動する。

火を吹いていた敵の重火器と五、六名の敵兵が地上に飛び散った。（内田手記）

このあと式町が徹甲弾も榴弾もかまわず射撃すれば、通信手の松島が車載銃を左右に射ちながら敵兵をなぎ倒す。四嶺山南東の台地からは、高射砲が俯角（水平）射撃をする。

第四中隊の軽戦車に随伴して竹下大隊の歩兵が北進してきた。

竹下大隊は、杉野旅団長に命ぜられて村上大隊の掩護の任を負っていた。彼我入り乱れた戦闘は、新手の注入で形勢が逆転。ついに戦車連隊は、四嶺山を奪還し、山稜をこえて敵軍を竹田浜方面に追い払ったのである〉

凄まじい戦闘の末に日本軍戦車部隊は、押し寄せるソ連軍を見事に撃退したのである。ソ連軍はさぞや驚いたに違いない。精強な機甲部隊が日本最北端の小さな島に待ち構えていたからである。

97式中戦車の主砲弾がソ連兵を吹き飛ばし、逃げ惑う敵兵を車載重機銃が次々となぎ倒していった。60両もの大戦車部隊が吽りを上げて突進しソ連兵を蹂躙して押し返してゆく。各個に突進する戦車に蹴散らされ踏み潰されるソ連兵は、かつて彼らがヨーロッパ戦線で経験したドイツ機甲部隊の猛攻を思い出したことであろう。

日本軍の大勝利で幕を閉じた大東亜戦争

「まさか極東のこんな小さな島に、かくも強大な大戦車部隊がいたとは…」

炸裂する戦車砲と機銃弾の嵐の前に、ソ連軍将兵は我が目を疑ったに違いない。痛快なことこのうえない。凄まじい我が戦車部隊の力闘は、開戦劈頭のマレー電撃作戦を彷彿とさせるものがあった。ついにソ連軍は累々たる屍を残して押し戻されていったのである。

先の神谷伍長は敵弾を受けながら突進したときの様子をこう話す。

「敵のいる場所の手前まで行ったときに、敵の弾が私の乗っている戦車に当たるんです。そのとき敵の弾は貫通せずに『カン、カン、カン』という音を立てるだけでした。そしたら、『よし、これなら大丈夫だ』と思って、嬉しくなりましたよ。このとき乗員は皆、遅れをとって恥をかいてはいかんという気持ちで必死でした。そうして気が焦るのもだから操縦手がエンジンをふかし過ぎたんです。私が乗っていた97式中戦車は12気筒空冷エンジンなので操縦が難しいんですよ。トップでふかし過ぎたために、ついにエンジンが焼き付いて動かなくなってしまった。

そこで戦車を捨てて徒歩で前進することになったんですが、車載の機関銃を下して持っていく手順を忘れてしまったんです。とにかく遅れをとってはいけないという気ばかりが焦っていたんです。そして徒歩で前進しているときに、ふとそのことを思い出したんですよ。それで、仕方がないので軍刀と拳銃だけで敵に向かっていきました」

日本軍の進撃がいかなるものであったかを知るエピソードである。

上陸してきたソ連軍は、戦車を持っていなかったために、日本軍の戦車に蹂躙された。だが、次第にソ連軍も戦車の装甲を撃ち抜くことができる強力な対戦車銃で応戦を始め、日本軍の戦車を擱座させていった。日ソ両軍は激しい近接戦闘に突入した。

戦場は濃霧のため視界不良だったという。そのため、ソ連兵が手榴弾を片手に戦車に肉迫すれば、日本軍戦車兵は天蓋から身を乗り出して拳銃でソ連兵と撃ち合う場面もあったという。戦車第11連隊第2中隊付の篠田民雄中尉は、そんな戦闘の様子をこう記している。

〈目標を捕えにくいので、砲塔上に身を乗り出して探す。黒々と見える横這松や棒の木の灌木帯の影に、長い外套を着た人影の動くのを発見する。

「敵だ！」

砲手に目標を指示し、射撃を命ずる。

「榴弾だ！」

銃手も敵影を認めて機銃を撃ちはじめた。

霧のなかにしばしば敵影が動く。直接照準の四十七ミリ戦車砲は、ここを先途と躍進射、行進射で榴弾の猛射を浴びせる。

突然、敵兵が戦車の横に現れる。あずき色の外套をひるがえして走る。近すぎて鉄砲では撃てない。それっと砲塔上から拳銃で狙い撃つ。三発、四発…、やっと倒れる。

敵は友軍既設の蛸壺や壕を利用したり、灌木帯の影に布陣しているらしい。中隊長は小銃を構えて撃ちはじめた。白霧をぬって黒い小さな塊が戦車めがけて飛んで来た。何か、と思う瞬間、頭上を越え右後方のバンパーで爆発した。手榴弾だ。つぎつぎと柄の付いた手榴弾が数発投げられてきた。何クソ、と撃ち返して戦車ごと突っ込む。

霧のなかを日章旗を高々と挙げた戦車が左へ左へと進んでいくようだ。右翼の男体山東方から突入した主力は、左に旋回している様子だ。左に向きを変え、それにならう〉（『丸別冊北海の戦い』）

日章旗を高々とあげた戦車とは、池田連隊長車であろう。濃霧の中、至る場所で日ソ両軍兵士による激しい白兵戦が繰り広げられた。

車載銃を運び出すことを忘れて軍刀と拳銃だけで進撃した神谷幾郎伍長は、どうにか小銃を手に入れ、1個分隊を率いてソ連軍と対峙する。

「敵は稜線の上に陣地を構えていました。我々は下から登ってゆく形になりました。そこで砲兵隊と機関銃の掩護射撃を得て塹壕に飛び込んだんです。そこから前進したわけですが、ちょっと頭を出すと狙撃兵が撃ってくるんです。そのとき同じ塹壕にいた小川隊の兵隊が撃たれ、『やられたッ』と叫んで前に倒れたんです。そののちに友軍の砲兵隊の砲撃によって敵の反撃が弱まったところで『突っ込めー』といって敵の塹壕に飛び込んでいきました。その塹壕の中には、ソ連兵が重なり合って斃れておりました。まだ息のある者もおりました。その光景を見た私は真っ青になって一瞬、放心状態となってしまったのですが、そのときふと我に返って『やらなければ俺がこうなるんだ…』と悟ったんです。それから死骸を見ても何も感じなくなりました」

生々しい戦場心理である。その後、神谷伍長は、牧野小隊長と2人で前進していたときソ連兵と遭遇する。

「『出たっ!』と私が言った途端、牧野小隊長が軍刀でソ連兵を斬りつけたが、敵兵がその軍刀を奪いかけたので、私が軍刀で突いて倒したんです」

壮絶な白兵戦である。こうしてソ連軍上陸部隊を滅多撃ちにして大損害を与えた日本軍だったが、この激しい戦闘で池田連隊長も敵弾を受けて愛車とともに散華したのであった。敵に圧迫され危機に瀕していた女体山の第三特殊監視隊の加藤弥三郎兵長は、そのときの戦闘の様子を目撃していた。

〈もはやこれまでと覚悟した時に、池田連隊長さんたちが来てくれました。連隊長さんは、左手に抜いた軍刀を持ち、右手に旗を持って指揮をとっておられました。旗がさっと振られると、友軍の戦車が一斉にその方向へ動きだします。すると敵は、クモの子を散らすように退却しますが、戦車が動きを止めますと、猛然と撃って来ました。そのうちに直撃された戦車が炎を噴きあげて燃えあがるんです〉(『8月17日、ソ連軍上陸す 最果ての要塞・占守島攻防記』)

池田連隊長はこの戦闘で戦死したという。ソ連軍を撃退した日本軍は、敵に決定的な打撃を与える好機にありながらも停戦交渉のために攻撃を手控えねばならなかった。現場の将兵は、さぞかし無念であったろうが、当時の状況下では仕方なかった。

軍使を派遣しての停戦交渉の末、8月23日に停戦協定が調印されて占守島の戦いは終わった。ただ、この占守島の戦いで、海軍の97式艦上攻撃機がソ連の軍艦に体当たり攻撃をかけて撃沈していたことも忘れてはならない。

8月18日、新谷富夫上飛曹、山中悦猷上飛曹、樋口栄助上飛曹が乗った97式艦上攻撃機が、爆弾で敵艦を1隻撃沈しながらも対空砲火で被弾するや、他の1隻に体当たりして撃沈したという。大東亜戦争における〝最後の特攻隊〟であった。

我が方の戦死傷者600人、対するソ連軍はなんとその5倍の3千人の戦死傷者を出したのである。占守島攻防戦は日本軍の大勝利だったのだ。

神谷伍長は後にこの勝利の事実を知ることになる。

「当時はそのことを知らず、あとから戦果を知りました。私達は『国のために！』ということで戦ったわけですが、自分達が頑張ったから北海道が取られず済んだんです。本当に国のためになったんだと、自分自身は納得しております。自分の青春に悔いはありません…」

ソ連政府の広報紙であったイズヴェスチャ紙は報じた。

〈占守島の戦いは、満州、朝鮮における戦闘よりはるかに損害は甚大であった。八月十九日はソ連人民の悲しみの日である〉（中山隆志著『一九四五年夏　最後の日ソ戦』国書刊行会）

大東亜戦争末期、日ソ中立条約を破棄して対日戦を挑んできたソ連軍の前に日本軍将兵は敢然と立ち向かい、文字通り祖国の〝防波堤〟となって戦った。その結果、日本軍は満州をはじめ樺太・千島の戦闘で約７５００人の戦死傷者を出し、後に60万人もの将兵が不法にもシベリアに連行抑留されることとなった。一方、この日ソ戦において、ソ連軍は実は日本軍の4倍以上の約3万4千人もの戦死傷者（戦死約９７００人）を強いられていた。

これらの事実は、我が軍の抵抗が想像をはるかに越えた勇戦であったことの証左であり、改めて我が軍将兵の勇戦敢闘に深く頭を垂れ感謝申し上げる次第である。

大東亜戦争は、占守島における日本軍の大勝利によって激闘の幕を閉じたのであった――。

「アジア解放の聖戦」――大東亜戦争は侵略戦争にあらず

敗戦後、アジア各地に展開していた日本軍将兵の多くは復員したが、中には現地にとどまり、現地で独立戦争に参加した者も少なくなかった。日本が大東亜戦争を戦い抜かなければ、アジアの独立はなかった――。

安倍首相（当時）のバンドンでのスピーチは万雷の拍手で迎えられた（内閣広報室より）

マッカーサー元帥も、大東亜戦争が「日本の自衛戦争」であったことを戦後認めている

安倍首相の「バンドン会議60周年スピーチ」

平成27年（2015年）4月22日、バンドン会議60周年を記念してインドネシアで開かれたアジア・アフリカ会議で、安倍晋三首相（当時）は見事なスピーチを行い、会場から万雷の拍手が送られた。

安倍首相は、その演説の冒頭でこう語った。

「バンドン会議60年の集まりを実現された、ジョコ・ウィドド大統領閣下、ならびにインドネシアの皆様に、心から、お祝いを申し上げます。

アジア・アフリカ諸国の一員として、この場に立つことを、私は、誇りに思います。

共に生きる。

スカルノ大統領が語った、この言葉は、60年を経た今でも、バンドンの精神として、私たちが共有するものであります。

古来、アジア・アフリカから、多くの思想や宗教が生まれ、世界へと伝播していった。多様性を認め合う、寛容の精神は、私たちが誇るべき共有財産であります。

その精神の下、戦後、日本の国際社会への復帰を後押ししてくれたのも、アジア、アフリカの友人たちでありました。この場を借りて、心から感謝します。

60年前、そうした国々がこの地に集まり、強い結束を示したのも、歴史の必然であったかもしれません。先人たちは、『平和への願い』を共有していたからです」

大東亜戦争時、日本の軍政下で組織されたインドネシア人による初の軍隊組織PETA（ペタ＝祖国防衛義勇軍）の一員として、また戦後も、インドネシアに残留した日本軍将兵と共に宗主国オランダと戦い、そして独立を勝ち取った親日家のスカルノ大統領を引用し、安倍首相は〈共に生きる〉という言葉を紹介したのであった。

誤解を恐れずに言うが、これはまさしく、かつて欧米列強による植民地支配に喘ぐアジア諸国と手を取り合って、アジア人のためのアジアを築こうとした「大東亜共栄圏」の精神ではないか。

ここで、このアジア・アフリカ会議の舞台となったインドネシアの独立の経緯を振り返ってみたい。

昭和20年（1945）8月15日、インドネシアの独立を約束し、そのための人材育成など様々な準備を進めていた日本が敗戦した。インドネシアの人々は、これで独立の夢が潰えたと思った。

だがその翌日の午後11時、前田精(ただし)海軍少将の公邸に、スカルノとハッタを中心に50人ほどの独立準備委員会の志士が集まって独立宣言文の起草が行われたのである。翌朝8月17日午前10時には、スカルノ邸でインドネシア国旗「メラ・プティ」が掲揚され、独立宣言文が読み上げられたのだった。

「我らインドネシア民族はここにインドネシアの独立を宣言する。権力委譲その他に関する事柄は、完全かつできるだけ迅速に行われる。

ジャカルタ　17─8─'05　インドネシア民族の名において」

ご存知だろうか。ここに記された日付「17─8─'05」の「05」とは、「皇紀２６０５年」のことだったのである。インドネシアは皇紀２６０５年8月15日にオランダ王国から独立したのだ。

そして忘れてはならないのが、自らの危険を冒してスカルノやハッタらを自邸に招いて独立宣言文を起草させた前田精海軍少将の勇気であろう。前田少将は間違いなくインドネシア独立の立役者であり、最大の功労者だった。事実、インドネシア政府は、昭和52年（１９７7）に前田少将にインドネシア建国功労章を授与している。

日本の軍政下、日本軍はインドネシアが二度と再び外国の植民地にならないよう、自分の国は自分たちの力で守ることを教え、そのための組織を創設した。「ＰＥＴＡ」（ペタ）である。インドネシア語の「Tentara Pembela Tanah Air」の略で「祖国防衛義勇軍」を意味するこの組織は、陸軍士官学校と義勇隊を兼ねた軍事組織であった。

ＰＥＴＡは、昭和18年（１９４３）10月、今村均中将の後任として第16軍司令官に着任した原田熊吉中将の下に結成された史上初のインドネシア人による軍隊であり、現在のインドネシア軍の基礎である。この日本軍によるＰＥＴＡの創設は、以後のインドネシアの運命に大きな影響を与えることになった。ＰＥＴＡの創設そのものが、日本がインドネシア解放とその後の独立を念頭にしていたことのなによりの証拠である。

ＰＥＴＡ「祖国防衛義勇軍」は、ジャカルタから西方約20キロに位置するタンゲランに設置された「青年道場」を元に発展した組織であり、したがってこの青年道場の存在意義は大きい。青年道場で日夜厳しい訓練に明け暮れた50人のインドネシア青年が、原田中将の支援によってボゴールに創設されたＰＥＴＡの中心的存在となって大きく発展していったのである。そして最終的にＰＥＴＡの総勢は3万8千人を数え、後のインドネシア独立戦争でオランダ、イギリス軍相手に勇戦敢闘して、インドネシア独立の立役者となった。

事実、インドネシアの歴史の中でこのＰＥＴＡ創設の事実は最も高く評価されており、繰り返すが、初代大統領スカルノはＰＥＴＡ出身であり、いかなるアジア諸国のリーダーよりも日本の大東亜戦争の意義を知り、そして日本に感謝する親日家だったのだ。

安倍首相のインドネシアにおけるスピーチでは、先に紹介した冒頭部分と、最後の部分でもこのスカルノ大統領の名前を出して、アジア・アフリカ諸国の結束を呼び掛けている。少なくとも多くのインドネシア人は、自国の独立の経緯を改めて認識したに違いない。

大東戦争終結後、2千人もの日本軍兵士が自らの意志でインドネシアに残留し、インドネシア独立のためにオランダ・イギリス軍と戦い、その半数のおよそ1千人が戦死していることをご存知だろうか。インドネシアの人々はこのことを忘れることなく、インドネシア独立のためにかくも多くの日本兵が戦後も命懸けで戦ってくれたことに大変感謝しているのだ。

日本軍将兵が現地に残留し、その国の独立のために戦ったのはインドネシアだけではなかった。ベトナムもまた同じだった。

昭和20年8月15日、インドシナで敗戦を迎えた日本軍将兵の中にも、この地に残留してベトナムの独立のために戦おうとする将兵が現れた。他方、ホー・チ・ミンのベトナム民主共和国側も、敗戦でもはや不要となった日本軍の兵器の譲渡を求め、そして日本軍将兵を教官として迎えたいと願い出てきた。こうして1946年（昭和21）6月1日、グエン・ソン将軍を校長とする指揮官養成のための「クァンガイ陸軍中学」が設立された。

この学校は、教官と助教官が全員、日本陸軍の将校と下士官というベトナム初の「士官学校」となった。そして全国から選抜された若いベトナム青年約400人は4個大隊に分かれ、日本人教官から戦技・戦術をはじめ指揮統制要領など日本陸軍のあらゆる実戦ノウハウを学んだのである。こうしてベトミン軍は、日本陸軍軍人によって育てられたのだった。つまりベトミン軍は、〝ベトナム人で構成された日本陸軍〟だったのだ。

第１大隊教官の谷本少尉と第２大隊教官の中原少尉は、ともに日本陸軍独立混成第34旅団の情報将校であり、のちにベトミンの独立戦争に参加して戦死した井川省少佐の部下であった。また第３大隊の猪狩中尉および第４大隊の加茂中尉は、第２師団歩兵第29連隊第３大隊の中隊長であった。その他、ナンソン村には石井貞雄少佐らによる同様の「トイホア陸軍中学」があり、近代ベトナム軍の基礎は日本軍人によって作られたことがお分かりいただけよう。

小倉貞男著『ベトナム戦争全史』（岩波書店）によれば、ベトミンに協力した日本軍人は７６６人、戦病死者47人、そして１９５４年にフランスが敗れてインドシナ戦争が終結して日本に帰還したのはわずか１５０人で、残りの約４５０人はその後もベトナムに留まり続け、現在も消息不明のままだという。おそらく彼らは、第１次インドシナ戦争に引き続き、アメリカとの第２次インドシナ戦争、つまりベトナム戦争にも身を投じたものと思われる。

先に紹介した石井貞雄少佐などは、カンボジアのプノンペンで終戦を迎えたが、日本への帰国を拒否しベトミン軍の南部総司令部の顧問としてゲリラ戦を伝授しながらフランス軍と戦い、１９５０年（昭和25）５月20日に戦死した。

石井少佐は、次のような言葉を残してベトナム独立のためにその命捧げる決意をしていた。

「敗北の帰還兵となるよりも同志と共に越南独立同盟軍に身を投じ、喜んで大東亜建設の礎石たらんとす」

来日したモディ首相が呼び起こした日印友情の記憶

欧米列強諸国の植民地支配に苦しんできたアジア諸国が大東亜戦争のお陰で独立できたことは、覆うべくもない事実である。かつて、アラムシャ元インドネシア第3副首相はこう語った。

〈インドネシアが主権を獲得した後の1955年、アジア・アフリカ会議が開催されました。そしてこの会議こそ『我々も独立すべきだ!』と全アジア・アフリカの目を開きました。アジア・アフリカ会議によって全アジアが独立しなければならないと決心したのです。それも第二次世界大戦で大東亜戦争がなかったならば、アジア・アフリカ会議もできなかったし、アジア・アフリカの独立もありえなかったでしょう〉(『独立アジアの光』日本会議事業センター)

1955年(昭和30)、インドネシアのバンドンで民族自決・反植民地主義を訴えた第1回アジア・アフリカ会議が開かれた。アラムシャ氏の言葉通り、日本の大東亜戦争がインドネシアを独立させ、それがきっかけとなって世界中の植民地が独立していったのである。

また日本軍によって組織されたインド国民軍全国在郷軍人会代表で元インド国民軍S・S・ヤダバ大尉は、こう語っている。

〈インドの独立には国民軍の国への忠誠心が大きな影響を与えました。しかし我々国民軍を助けてくれたのは日本軍でした。インパールの戦争で6万の日本兵士が我々のために犠牲となってくれたのです。我々インド人は子々孫々までこの日本軍の献身的行為を決して忘れてはいけないし、感謝しなければならないのです〉（前掲作品）

そしてインド最高裁弁護士のP・N・レキ氏も次のような言葉を残している。

〈太陽の光がこの地上を照らすかぎり、月の光がこの大地を潤すかぎり、夜空に星が輝くかぎり、インド国民は日本国民への恩は決して忘れない〉（前同）

こんなエピソードがある。

平成26年（2014）9月1日、来日したインドのモディ首相は、安倍首相との日印首脳会談で両国の安全保障および経済関係のさらなる関係強化と友好関係を発展させることを宣言した。だがその翌日、モディ首相はチャンドラ・ボースと親交が深かった日印協会顧問の三角（みすみ）佐一郎氏（99）に会い、車椅子の三角氏の前に跪いて手を握りしめ感謝の意を表している。

三角氏は、かつて佐官待遇で参謀本部に勤務し、インパール作戦の立案等に関与した〝インド独立〟の功労者の1人だったのである。この劇的なシーンは、インドのマスコミで大きく取り上げられ、インドの外務省スポークスマンがその感動の瞬間をツイッターでツイートするほどの大ニュースだったが、日本のマスコミがこれを取り上げることはなかった。日本のメディアはまるでGHQの言論統制下のごとくこのニュースを自己検閲したのである。

平成27年3月30日、インド政府は三角佐一郎氏に、インドのために卓越した働きをした者に与えられる国家勲章「パドマ・ブシャン」を授与した。戦後70年を過ぎた今、これまで地下水脈のように流れていた大東亜戦争における日印の強い絆の記憶が、いよいよ湧水となって地表に吹き出し始めたのである。

マッカーサー元帥も日本の侵略戦争を否定していた

さらに驚くべき事実がある。日本の〝侵略〟なるものを喧伝し続ける反日国家・中国の父祖である毛沢東主席が、日本の戦争に感謝の言葉を述べていることである

昭和39年（1964）7月10日、北京を訪れた日本社会党の佐々木更三委員長が過去の戦争で中国への謝罪を口にしたとき、毛沢東はこう返したのだった。

〈何も申し訳なく思うことはありません。日本軍国主義は中国に大きな利益をもたらし、中国人民に権力を奪取させてくれました。みなさんの皇軍なしには、我々が権力を奪取することは不可能だったのです〉（東京大学近代中国史研究会『毛沢東思想万歳　下』三一書房）

大東亜戦争終結後、〝裁判〟に見せかけて日本の戦争責任を追及した「東京裁判」では、インド代表のラダビノート・パール判事が、当初からこの〝裁判〟の不当性を訴えた。この〝裁判〟のウイリアム・ウェッブ裁判長をはじめ、アンリ・ベルナール仏代表判事やベルト・レーリンク蘭代表判事など、「東京裁判」に関わった多くの人々が、後にこの裁判が間

違いであったことを認めていることもあわせて紹介しておこう。

そしてなにより、この裁判の主催者であった連合国最高司令官ダグラス・マッカーサー元帥自身がこの裁判の誤りを認め、昭和26年（1951）5月3日の米上院軍事外交防衛委員会において次のように答弁しているのだ。

〈日本は、絹産業以外には、固有の産物はほとんど何も無いのです。彼らは綿が無い、羊毛が無い、石油の産出が無い、錫が無い、ゴムが無い、その他実に多くの原料が欠如してゐる。そしてそれら一切のものがアジアの海域には存在してゐたのです。

もしこれらの原料の供給が断ち切られたら、一千万から一千二百万の失業者が発生するであろうことを彼らは恐れてゐました。したがって彼らが戦争に飛び込んでいった動機は、大部分が安全保障の必要に迫られてのことだつたのです〉（小堀桂一郎『東京裁判　日本の弁明』講談社学術文庫）

〝日本が侵略戦争をした〟というレッテル張りのために開かれた東京裁判。その首謀者であるマッカーサー元帥が、大東亜戦争を止むに止まれぬ自衛戦争だったことを認めているのだ。

20世紀初頭の日露戦争における日本の勝利は、長く白人支配に苦しんできたインド人を狂喜乱舞させた。そして大東亜戦争では日本軍とともにイギリス軍と戦い、そしてこの戦争の結果としてインドは悲願の独立を勝ち取った。だが、それはインドだけではない。先に紹介したインドネシア、ベトナム、マレーシアなどすべての東南アジア諸国は、同様に大東亜戦争のお陰で欧米列強諸国の植民地支配から脱して独立したのである。

後のタイ王国首相ククリット・プラモードは、当時自らが主幹を務めた『サイヤム・ラット』に、次のように書き記している。

〈日本のおかげで、アジアの諸国はすべて独立した。日本というお母さんは、難産して母体をそこなったが、生まれた子供はすくすくと育っている。今日東南アジアの諸国民が、米英と対等に話ができるのは、一体誰のおかげであるのか。それは身を殺して仁をなした日本というお母さんがあったためである。この重大な思想を示してくれたお母さんが、一身を賭して重大決心をされた日である。われわれはこの日をわすれてはならない〉（名越二荒之助『世界に開かれた昭和の戦争記念館　第4巻』展転社）

プラモード首相が言う〝この日〟とは、昭和16年（1941）12月8日――大東亜戦争開戦の日のことである。開戦の日、真珠湾攻撃と同時に実施されたマレー・シンガポール電撃戦の意義について、『マレーの虎』の著者ジョーン・D・ポッター氏はこう述べている。

〈彼は天皇のために、イギリス最大の要塞を征服したのである。また、東洋における白人の支配を永遠に破壊したのである。彼がこのことに気がついていたかどうかは判らない。しかし、この日本軍の将軍が一九四二年（昭和十七年）二月十五日の夜シンガポール攻略に成功したことをもって、世界の事情は一変したのであった〉

そして現在、こうしたアジアの国々は、露骨な覇権主義を掲げる中国の威嚇に震えあがっている。

今こそ日本が地域のリーダーとなって東南アジア諸国と集団安全保障体制を構築し、力を合わせてこの強大な軍事的脅威に立ち向かってゆかねばならないはずである。これは日本の独りよがりなどではない。前出タイの元首相ククリット・プラモード氏の言葉の通り、日本のお陰で独立した東南アジア諸国は、みなそのことを心から望んでいるのである。

このことは平成27年6月に来日したフィリピンのアキノ大統領による我が国国会での演説にも明らかだった。アキノ大統領（当時）は、安倍首相の安全保障関連法に対して、最大限の関心と敬意をもって注目しているとして、日本の南シナ海への関与に期待をにじませたのだった。それは、朝鮮半島を除いたアジア諸国の共通の思いなのである。

そしてそんなアジア諸国の日本への大いなる期待は、かつて日本がアジア諸国の解放ために戦った大東亜戦争の記憶に裏打ちさたものなのだ。

先人の偉業に対し、今改めて畏敬の念と日本人としての誇りが湧きあがってくる――。

単行本　平成二十八年八月「大東亜戦争秘録　日本軍はこんなに強かった！」改題　双葉社刊

装　幀　伏見さつき
DTP　佐藤敦子

産経NF文庫

封印された「日本軍戦勝史」2

二〇二一年八月二十四日　第一刷発行

著　者　井上和彦

発行者　皆川豪志

発行・発売　株式会社　潮書房光人新社

〒100-8077　東京都千代田区大手町一-七-二

電話／〇三-六二八一-九八九一(代)

印刷・製本　凸版印刷株式会社

ISBN978-4-7698-7038-8　C0195
http://www.kojinsha.co.jp

産経NF文庫の既刊本

「美しい日本」パラオ　井上和彦

なぜパラオは世界一の親日国なのか——日本人が忘れたものを取り戻せ！　太平洋戦争でペリリュー島、アンガウル島を中心に日米両軍の攻防戦の舞台となったパラオ。圧倒的劣勢にもかかわらず、勇猛果敢に戦い、パラオ人の心を動かした日本軍の真実の姿を明かす。

定価891円〈税込〉　ISBN978-4-7698-7036-4

日本が戦ってくれて感謝しています2　あの戦争で日本人が尊敬された理由　井上和彦

第1次大戦、戦勝100年「マルタ」における日英同盟を序章に、読者から要望が押し寄せたインドネシア——あの戦争の大義そのものを3章にわたって収録。日本人は、なぜ熱狂的に迎えられたか。歴史認識を辿る旅の完結編。15万部突破ベストセラー文庫化第2弾。

定価902円〈税込〉　ISBN978-4-7698-7002-9

日本が戦ってくれて感謝しています　アジアが賞賛する日本とあの戦争　井上和彦

インド、マレーシア、フィリピン、パラオ、台湾……日本軍は、私たちの祖先は激戦の中で何を残したか。金田一春彦氏が生前に感激して絶賛した「歴史認識」を辿る旅——涙が止まらない！感涙の声が続々と寄せられた15万部突破のベストセラーがついに文庫化。

定価946円〈税込〉　ISBN978-4-7698-7001-2